From Newton To Einstein :

Changing conceptions of Universe

뉴턴의 우주에서 아인슈타인의 우주로

뉴턴의 우주에서 아인슈타인의 우주로

초판 발행 2024년 9월 10일

지은이 | 벤자민 해로우
옮긴이 | 권혁
발행인 | 권오현

펴낸곳 | 돋을새김
주소 | 경기도 고양시 일산동구 하늘마을로 57-9 301호 (중산동, K시티빌딩)
전화 | 031-977-1854 팩스 | 031-976-1856
홈페이지 | http://blog.naver.com/doduls 전자우편 | doduls@naver.com
등록 | 1997.12.15. 제300-1997-140호
인쇄 | 금강인쇄(주)(031-943-0082)

ISBN 978-89-6167-352-5 (03400)
Korean Translation Copyright ⓒ 2024, 권혁

값 14,000원

뉴턴의 우주에서 아인슈타인의 우주로

벤자민 해로우 | 권혁 옮김

돋을새김

뉴턴은 가장 위대한 천재였다.

— 라그랑주(J. Lagrange 1736~1813 : 가장 위대한 프랑스 수학자들 중의 한 명)

위대한 철학자의 노력은 언제나 초인적이었고,

그가 풀지 못한 문제는 그의 시대에서는 해결할 수 없었다.

— 아라고(D. Arago 1786~1853 : 프랑스의 천문학자)

아이작 뉴턴(Isaac Newton 1642~1727)

뉴턴 시대 이후 중력이론과 관련하여 얻어낸 가장 중요한 성과
다. 아인슈타인의 추론은 인류 역사상 최고의 업적 중 하나이다.

― J. J. 톰슨(Thomson 1856~1940: 영국 왕립학회 회장, 케임브리지 대학 물리학 교수)

과거의 사변적인 자연철학, 심지어 철학적 지식 이론에서 제안
된 모든 것을 대담하게 뛰어넘는다. 세계에 대한 물리적 개념에
도입된 혁명은 그 범위와 깊이에서 코페르니쿠스 우주 체계만이
비교할 수 있을 정도이다.

― 막스 플랑크(Max Planck 1858~1947: 베를린 대학 물리학 교수, 노벨상 수상자)

알베르트 아인슈타인(Albert Einstein 1879~1955)

크리스티안 호이겐스(Christian Huygens 1629~1695)

최초의 이론 물리학자이자 현대 수리물리학의 창시자. 수학을 주로 수사학으로 사용한 갈릴레오와 달리 다양한 현상을 다루는 이론을 발견하고 개발하는 방법으로 수학을 일관되게 사용했다. 물리학을 수학으로 표현하는 그의 논증 방식은 뉴턴의 연구에 큰 영향을 미쳤다.

앨버트 마이컬슨(Albert Michelson 1852~1931)

1907년 '광학 정밀기기를 이용한 분광 및 계측 연구'로 미국인 최초로 노벨 물리학상을 수상했다. 평생 빛의 측정에 매료되어 있던 그의 마이컬슨—몰리 실험은 아인슈타인의 일반 상대성이론과 특수상대성이론을 확증하려는 시도에 결정적인 역할을 했다.

헤르만 민코스프키(Hermann Minkowski 1864~1909)

독일의 수학자로 기하학적 수론을 개발하고 정수론, 수리물리학, 상대성이론에 많은 공헌
을 했다. 물리적 공간의 3차원과 시간을 4차원의 '민코프스키 공간', 즉 시공간으로 결합
한 그의 아이디어는 아인슈타인의 특수상대성이론의 수학적 토대를 마련했다.

헨드릭 로렌츠(Hendrik Lorentz 1853~1928)

빛의 속도에 접근하는 움직이는 물체는 운동 방향으로 수축한다는 개념을 확장하여 로렌츠 변환을 개발했다. 이 수학 공식은 질량의 증가, 길이의 단축 및 시간의 팽창을 설명하며, 이는 움직이는 물체의 특징으로서 아인슈타인의 특수상대성이론의 기초를 형성했다.

차례

서문

　시간과 공간에 대한 우리의 생각과 우주에 대한 전반적인 지식에 아인슈타인의 공헌은 매우 중요해서 20세기의 위대한 업적들 2~3가지 중 한 자리를 쉽게 차지한다. 이 작은 책자는 대중적인 형식으로 이 업적을 설명한다. 하지만 아인슈타인의 업적은 뉴턴과 그의 후계자들의 업적에 너무나도 크게 의존하므로 앞부분의 두 개의 장은 그들의 업적에 집중했다.

B. H.

2판 서문

이 새로운 판본을 준비하면서 오류들을 수정하고 본문의 특정한 부분은 확장하고 계속 늘어나는 이 주제에 대한 인용문헌을 증보할 수 있었다.

부록에 수록한 글들은 이 책의 내용을 숙지한 독자에게는 큰 어려움이 없을 것이다. 사실 이 글들은 아인슈타인 이론의 다양한 단계에 대한 '대중적인 해설'이지만, 경험에 따르면 이론에 대한 '대중적인 해설'조차도 추가적인 '대중적인 설명'이 필요하다는 것을 알 수 있다.

이 자리를 빌려 여러모로 도움을 주신 아인슈타인 교수님, 시카고 대학의 A. A. 마이컬슨 교수님, 존스 홉킨스 대학의 J. S. 에임스 교수님, 컬럼비아 대학의 G. B. 페그램 교수님께 감사의 말씀을 전한다. 〈사이언스〉의 편집자는 미국 물리학회 회원들 앞에서 행한 아인슈타인의 이론에 대한 에임스 교수의 훌륭한 연설을 전재할 수 있도록 친절하게 허락해 주었다.

벤자민 해로우

제1장

뉴턴

❋❋*

　뉴턴에 대해 이야기할 때 우리는 성경의 한 구절을 인용하고 싶은 유혹을 받곤 한다.

　뉴턴 이전의 태양계는 형태도 없고 텅 비어 있었지만, 뉴턴이 등장하면서 빛이 생겼다. 지구상의 물질뿐만 아니라 그 너머의 행성과 태양, 별에도 적용되는 법칙을 발견한 것은 뉴턴을 초인(超人)의 반열에 올려놓는 업적이다.

　뉴턴의 중력의 법칙이 당대 사람들에게 어떤 의미였을지는 마르코니(Marconi)＊ 같은 사람이 실제로 다른 행성의 생명체와 교신하는데 성공한다면 우리에게 어떤 영향을 미칠 것인지를 상상해 보면 알 수 있다.

　뉴턴의 법칙은 지구상의 법칙들이 지닌 보편성에 대한 신뢰를 높였고, 법칙을 준수하는 메커니즘으로서의 우주에 대한 믿

───────────────

＊ Guglielmo Marconi 1874~ 1937: 이탈리아의 전기 공학자. 1895년 헤르츠의 전자기파 실험으로 무선 전신을 실용화했다.

음을 강화했다.

뉴턴의 법칙

두 물체 사이의 인력은 질량에 비례하고 두 물체를 분리하는 거리의 제곱에 반비례한다. 이것이 뉴턴의 법칙을 응축한 형태이다. 이 법칙을 태양과 지구와 같은 두 천체에 적용하면, 태양은 지구를 끌어당기고 지구는 태양을 끌어당긴다고 말할 수 있다. 또한 이 인력의 크기는 두 물체 사이의 거리에 따라 달라진다. 뉴턴은 태양과 지구 사이의 거리가 두 배가 되면 인력이 절반이 아닌 4분의 1로 줄어들고, 세 배가 되면 인력이 9분의 1로 줄어든다는 것을 보여주었다. 반면에 거리가 절반으로 줄어들면 인력이 단순히 두 배가 아니라 네 배로 커진다.

그리고 태양과 지구에 대한 이러한 사실은 하늘의 모든 천체, 그리고 러더퍼드 교수(Rutherford)*가 최근에 보여준 것처럼 거의 무한대에 가까운 원자로 이루어진 태양계를 구성하는 천체에도 해당된다.

한 물체가 다른 물체를 끌어당기는 이 신비한 힘을 '중력'이라

---

* Ernest Rutherford 1871~1937: 영국의 핵물리학자. 핵물리학의 아버지로 불린다. 방사능 법칙을 세웠고 방사능이 원자 내부에서 일어나는 반응이라는 사실을 밝혔다.

고 하며, 중력의 마법에 걸린 물체의 움직임을 규정하는 법칙이 바로 중력의 법칙이다. 이 법칙은 우리가 뉴턴의 천재성에 빚지고 있다.

뉴턴 이전의 과학자들

17세기 이전, 즉 뉴턴 시대 이전의 과학의 모습을 간략히 살펴보면 천문학에 대한 뉴턴의 중대한 공헌을 가장 잘 이해할 수 있다. 지구가 우주의 중심이라는 프톨레마이오스(Ptolemy)*의 개념은 중세 내내 논란의 여지가 없는 영향력을 행사했다. 다른 모든 지식에서 아리스토텔레스가 그랬던 것처럼 그 당시 프톨레마이오스는 천문학에서 옳을 수밖에 없는 신이었다. 아리스토텔레스가 흙, 공기, 불, 물이 물질의 네 가지 원소를 구성한다고 말하지 않았던가? 프톨레마이오스가 지구는 태양이 공전하는 중심이라고 말하지 않았던가? 그렇다면 더 이상 질문할 이유가 있을까? 의문을 품는 것은 신성모독이었다.

그러나 코페르니쿠스(Copernicus 1473~1543)는 의문을 품었다. 그는 많은 것을 공부하고 많은 생각을 했다. 그는 천체의 움직임을 연구하는데 평생을 바쳤다. 그리고 프톨레마이오스와 후

* AD 83?~168?: 고대 그리스 학자. 지구가 우주의 중심이라는 천동설을 주장.

대의 추종자들이 진실과 정반대인 견해를 설파했다는 결론에 도달했다. 코페르니쿠스는 태양은 전혀 움직이지 않지만 지구는 움직이며, 지구는 우주의 중심이 아니라 태양 주위를 도는 여러 행성들 중의 하나에 불과하다고 말했다.

교회의 영향과 자신의 중요성을 과시하려는 인간의 성향이 결합되어, 이러한 이단적인 견해의 수용에 강하게 반대하는 흐름이 있었다. 코페르니쿠스 체계를 부정하는 많은 적대적 비평가들 중에서도 티코 브라헤*가 가장 두드러진다. 이 양심적인 관찰자는 코페르니쿠스가 지구가 움직인다고 제안한 것을 심하게 비난하며, 행성들이 태양 주위를 돌며 그 행성들과 태양이 다시 지구 주위를 돈다는 자신만의 계획을 발전시켰다.

대다수는 티코에게 박수를 보냈지만, 아주 적은 수의 반란군은 코페르니쿠스의 이론을 믿었다. 저명한 갈릴레오(Galileo 1564~1642)는 이런 소수에 속해 있었다. 그가 발명한 망원경은 다수의 주장이 틀렸다는 것을 나타내는 우주의 풍경을 펼쳐 보여주었으며, 코페르니쿠스 이론에 대한 그의 믿음을 더욱 강하게 했다.

"코페르니쿠스 이론은 일반적으로 받아들여지고 있는 이론으로는 이해할 수 없는 많은 현상들의 원인을 설명해 주었다. 나는 일반적인 이론을 반박하기 위한 논거를 수집했지만, 그것을

* Tycho Brahe 1546~1601: 덴마크의 천문학자.

출판할 용기는 내지 못했다.”

갈릴레오는 친구 케플러*에게 그 시대의 분위기를 정확하게 반영하는 편지를 썼다.

“나는 감히 그것을 출판할 용기가 없다네.”

하지만 갈릴레오는 망설임을 떨쳐내고 자신의 견해를 발표했다. 그의 발표는 폭풍을 불러일으켰다. 그는 ‘내 망원경으로 봐 주십시오.’라고 호소했다. 그러나 교수들은 그렇게 하지 않았고 종교재판관들도 마찬가지였다. 종교재판소는 그를 단죄했다.

“태양이 지구의 중심에 있고 그 자리에서 움직일 수 없다는 주장은 터무니없다. 철학적으로 거짓이며 분명한 이단이다. 성경에 명백히 위배되기 때문이다.”

그리고 불쌍한 갈릴레오는 박해하는 사람들의 생각이 진리에서 벗어난 것만큼이나 자신의 생각과도 전혀 동떨어진 말을 하게 되었다.

“내가 주장한 오류와 이단적인 생각들을 저주하고 혐오합니다.”

진실은 밝혀질 것이다. 다수의 의견과 강력한 종교재판소에 저항하는 사람들이 생겨났다. 그중 가장 눈에 띄는 인물은 갈릴레오의 친구인 케플러였다. 케플러는 티코의 제자였지만 코페르니쿠스 체계를 지지하는데 주저하지 않았다. 하지만 그가 코

---

* Johannes Kepler 1571~1630: 독일의 수학자, 천문학자.

페르니쿠스 체계를 받아들인다고 해서 무조건적으로 인정한다는 의미는 아니었다.

케플러는 특히 행성이 원을 그리며 돈다는 코페르니쿠스 이론을 비판했다. 이것은 지나치게 대담한 일이었다. 원이 완벽한 도형이라는 아리스토텔레스의 담론 이후 우주에서의 운동은 원형이라는 것을 당연하게 여겼다. 자연은 완벽하고, 원도 완벽하므로 태양이 공전하면 원으로 공전한다는 것이었다. 사람들은 이 '완벽함'에 너무 깊이 빠져 있었기 때문에 코페르니쿠스 자신도 그 생각에서 벗어나지는 못했다. 태양은 더 이상 움직이지 않았지만 지구와 행성들은 원을 그리며 움직였다. 급진적이었던 코페르니쿠스에게도 보수주의의 일부가 여전히 남아있었던 것이다.

케플러는 그렇지 않았다

티코는 그에게 꼼꼼한 관찰의 중요성을 가르쳤고, 그 결과 케플러는 태양 주위를 도는 지구 공전이 원이 아닌 타원의 형태를 띠며, 태양은 타원의 초점들 중 하나에 위치한다는 결론에 도달할 수 있었다.

이 타원을 그리기 위해선 독자들 스스로 두 개의 핀을 판지 조각에 짧은 간격으로 붙이고 핀 위에 끈으로 고리를 만들어보면 된다. 연필 끝으로 그 고리를 팽팽하게 당긴다. 연필이 두 핀 주위를 따라 움직일 때 생성되는 곡선은 타원이 된다. 두 핀의 위치는 두 개의 초점을 나타낸다.

행성의 타원 회전에 대한 케플러의 관찰은 정량적으로 표현된 세 가지 법칙 중 첫 번째 법칙으로, 뉴턴의 법칙으로 나아가는 길을 열었다. 행성들은 왜 이런 식으로 움직였을까? 케플러도 이에 대한 답을 찾으려 했지만 실패했다. 이 질문에 대한 해답은 뉴턴의 몫으로 남게 되었다.

뉴턴의 중력의 법칙

1666년에 발생한 흑사병으로 뉴턴은 케임브리지를 떠나 링컨셔에 있는 집으로 돌아왔다. 유명한 전설에 따르면, 어느 화창한 날 오후 그곳의 작은 정원에 앉아 있던 이 철학자는 깊은 공상에 빠져 있었다. 그러던 중 사과가 떨어지는 소리가 들렸고, 철학자는 사과와 사과의 추락에 주의를 기울였다.

뉴턴이 중력을 '발견'했다고 생각해서는 안 된다. 뉴턴의 시대 이전에도 떨어지는 사과는 흔히 볼 수 있었고, 사과가 땅으로 떨어지는 이유는 정확히 지구가 지니고 있는 신비한 인력 때문이었으며, 여기에 '중력'이라는 이름을 붙였던 것이다.

뉴턴의 위대한 업적은 지구에만 있는 특이한 성질로 여겨졌던 이 '중력'이 물질의 보편적인 성질이어서, 지구뿐만 아니라 달과 태양에도 적용되며, 실제로 달과 행성들의 운동이 중력에 근거해 설명될 수 있다는 것을 보여준데 있다. 그러나 그의 가장 위대한 업적은 천체를 규정하는 운동을 탁월한 일반법칙으로서 정량적으로 표현해낸 것이었다.

뉴턴의 생각의 궤적을 따라가 보자. 사과가 50야드 높이의 나무에서 떨어진다. 500야드 높이의 나무에서도 떨어질 것이다. 해발 몇 마일 위의 가장 높은 산 정상에서도 떨어질 것이다. 아마도 산 정상보다 훨씬 높은 곳에서도 떨어질 것이다. 그렇지 않을 이유가 있을까? 아마도 더 위로 올라갈수록 지구가 사과를 끌어당기는 힘은 줄어들겠지만, 어느 정도 거리에서 이 인력이 완전히 멈추게 될까?

우주에서 지구와 가장 가까운 천체는 약 24만 마일 떨어져 있는 달이다. 달에서 사과를 던지면 지구에 도달할 수 있을까? 하지만 달 자체도 인력이 있는 것은 아닐까? 그렇다면 사과가 지구보다 달에 훨씬 더 가깝기 때문에 사과는 지구에 도달하지 않을 확률이 높다.

하지만 잠깐만! 사과만 땅에 떨어지는 물체는 아니다. 사과에 적용되는 일은 다른 모든 물체, 즉 크고 작은 모든 물질에도 적

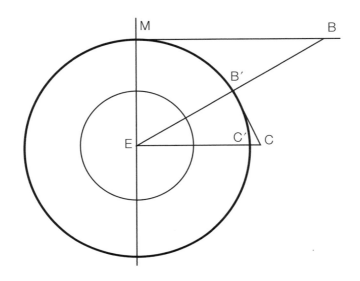

용된다. 이제 매우 큰 물체인 달이 있다. 지구가 달을 끌어당기는 중력이 있을까? 확실히 달은 수천 마일 떨어져 있지만 매우 큰 천체이며, 이 크기가 어떤 식으로든 인력의 힘과 관련이 있지는 않을까?

하지만 지구가 달을 끌어당긴다면 달은 왜 지구로 떨어지지 않는 것일까?

첨부된 그림을 보면 이 질문에 답하는데 도움이 될 것이다. 달은 정지해 있는 것이 아니라 매달 지구 전체를 한 바퀴 돌 정도로 엄청난 속도로 이동하고 있다는 사실을 기억해야 한다. 만약 지구가 없다면 달의 궤도는 MB처럼 직선이 될 것이다. 그러나 지구의 인력이 작용된다면 달은 안쪽으로 당겨질 것이다. 달은 MB라는 직선을 따르는 대신 곡선 경로인 MB′를 따르게 된다. 그리고 다시 B′에 도착한 달은 B′C 선을 따르지 않고 오히려 B′C′를 따르게 된다. 따라서 경로가 직선이 아닌 곡선이 된다. 케플러의 연구에 따르면 이 곡선은 원이 아닌 타원의 모양을 취할 가능성이 높다.

그렇다면 달이 지구로 떨어지지 않는 유일한 이유는 달의 움직임 때문이다. 달이 단 1초라도 움직임을 멈춘다면 곧장 우리에게 떨어질 것이고, 아마 살아남아 그 이야기를 전할 수 있는 사람은 아무도 없을 것이다.

뉴턴은 달이 지구 주위를 계속 공전하는 것은 지구의 중력 때문이라고 추론했다. 다음으로 중요한 단계는 이 운동을 조절하는 법칙을 발견하는 것이었다. 케플러가 태양 주위를 도는 행성들의 움직임을 관찰한 것은 더 없이 귀중한 가치를 지니고 있다. 뉴턴은 이를 통해 인력이 거리의 제곱에 반비례한다는 가설을 추론해냈다.

뉴턴은 이 가설을 이용해 달이 계속 궤도를 따라 이동하기 위해서는 지구가 가진 인력이 어느 정도여야 하는지를 계산했다. 그리고 사과를 땅으로 끌어당길 때 지구가 가하는 힘과 이 힘을 비교한 결과 두 힘이 동일하다는 것을 알아냈다! 그는 '달을 공전 궤도에 유지하는데 필요한 힘과 지구 표면의 중력을 비교한 결과 거의 일치한다는 사실을 발견했다.'라고 썼다. 달을 끌어당기는 힘과 사과를 끌어당기는 힘은 중력이라는 하나의 동일한 힘이다. 또한 중력은 거리의 제곱에 반비례하여 변한다는 가설도 이제는 실험을 통해 확인되었다.

다음 단계는 완벽하게 명확했다. 달의 운동이 지구의 중력에 의해 통제된다면, 지구의 운동 역시 태양의 중력에 의해 통제되지 않을 이유가 있을까? 사실 지구의 운동뿐만 아니라 모든 행성의 운동이 동일한 방법에 의해 통제되는 것은 아닐까?

여기에서도 케플러의 선구적인 업적은 철근 콘크리트에 필적하는 탄탄한 기초가 되었다. 앞서 살펴본 것처럼 케플러는 지구가 타원의 형태로 태양 주위를 공전하며, 이 타원의 초점 중 하나는 태양이 차지하고 있음을 보여주었다. 뉴턴은 이제 태양과 행성 사이의 인력의 강도가 거리의 제곱에 반비례하여 변하는 경우에만 이러한 타원 경로가 가능하다는 것을 증명했는데, 이는 지구 주위를 도는 달의 운동을 성공적으로 설명하는데 적용되었던 것과 동일한 관계이다!

뉴턴은 달, 태양, 행성 등 우주의 모든 천체가 이 법칙을 따른다는 것을 보여주었다. 지구는 달을 끌어당기고 달은 지구를 끌어당긴다. 지구가 달 주위를 도는 것이 아니라 달이 지구 주위를 도는 것은 지구가 훨씬 더 큰 천체이므로 중력이 더 강하기 때문이다. 지구와 태양 사이의 관계도 마찬가지이다.

중력 법칙의 발전

지구가 달을 끌어당기고 달이 지구를 끌어당긴다는 말은 지구를 구성하는 무수한 입자 하나하나가 달을 구성하는 무수한 입자 하나하나를 끌어당긴다는 뜻이며, 그 반대의 경우도 마찬가지이다. 행성과 위성 또는 행성과 태양 사이에서 작용하는 인력을 다룰 때 이 무수한 입자 하나하나가 발휘하는 힘을 개별적으로 고려해야 한다면, 이러한 힘을 계산하는 수학적인 작업은 절망적으로 보일 수 있다.

뉴턴은 지구나 달과 같은 구의 경우 전체 질량이 구의 중심에 있는 것으로 간주할 수 있다는 점을 제시하여 문제를 매우 간단한 형태로 나타낼 수 있었다. 계산을 위해 지구는 입자로 간주할 수 있으며, 전체 질량은 입자의 중심에 집중되어 있다. 이러한 관점을 통해 뉴턴은 역제곱 법칙을 우주에서 가장 먼 곳에 있는 천체까지 확장할 수 있었다.

뉴턴의 이 위대한 법칙이 지구 밖에서도 일반적으로 적용된다면, 수수께끼 같은 지구의 여러 가지 특징들을 설명하는 데도 똑같이 유용하게 쓰일 수 있다. 조수의 밀물과 썰물도 이러한 수수께끼들 중의 하나였다. 고대에도 보름달과 만조가 함께 나타난다는 것을 알고 있었으며, 위성과 바다에는 신비한 다양한 힘이 부여된다고 생각했다. 뉴턴은 바닷물의 높이는 달의 인력이 작용한 직접적인 결과이며, 태양의 경우 더 멀리 떨어져 있기 때문에 그 영향이 적은 것이라고 밝혔다.

하지만 그의 초기 설명들 중의 한 가지는 달이 지구 주위를 공전하면서 나타나는 특정한 불규칙성에 관한 것이었다. 태양계가 지구와 달로만 이루어져 있다면 달의 궤도는 타원의 경로가 될 것이고, 이 타원의 초점 중 하나는 지구가 될 것이다. 문제는 단순하지만 안타깝게도 우주에는 상대적으로 가까운 다른 천체, 특히 태양이라는 거대한 천체가 있다.

태양은 지구뿐만 아니라 달도 끌어당긴다. 그러나 태양은 지구보다 달에서 훨씬 더 멀리 떨어져 있기 때문에 태양이 지구보다 훨씬 더 크고 무게가 훨씬 더 무거움에도 불구하고 이 위성에 대한 지구의 인력이 훨씬 더 크다. 한 방향으로는 지구가 더 세게 끌어당기고 다른 방향으로는 태양이 그보다 약하게 끌어당기면 불쌍한 달은 진퇴양난에 빠지게 된다. 이 상황은 복잡한 힘을 발생시키며, 그 결과 달의 공전 궤도는 완전한 타원형이 아니게 되는 것이다. 뉴턴은 작용하는 모든 힘들을 설명할 수 있었으며, 실제로 달의 궤도가 역제곱 법칙의 직접적인 결과임을 증명했다.

프린키피아

중력의 법칙은 지금부터 설명할 운동 법칙도 포함하고 있으며, 뉴턴의 불멸의 저서인 《프린키피아》(1686)에서 처음 발표되었다. 서문에서 발췌한 문장을 통해 책의 내용은 물론 저자의 표현법도 알 수 있다.

"…… 우리는 이 작품을 철학의 수학적 원리로서 제시합니다. 철학의 모든 어려움은 운동의 현상들로부터 자연의 힘을 연구하고, 그 힘으로부터 다른 현상들을 증명하는 데 있는 것으로 보이기 때문입니다. 이를 위해 제1권과 제2권에서는 일반적인 명제들을 다루고 있습니다. 제3권에서 우리는 세계의 체계를 설명하면서 이에 대한 예를 제시합니다. 첫 번째 책에서 수학적으로 입증된 명제에 의해 우리는 천체 현상에서 태양과 여러 행성을 향한 중력의 힘을 도출합니다. 그런 다음 이러한 힘으로부터 또 다른 수학적인 명제를 통해 행성, 혜성, 달, 바다의 움직임을 추론합니다.

나는 자연의 나머지 현상들도 기계적 원리로부터 같은 종류의 추론으로 도출할 수 있기를 기대합니다. 여러 가지 이유에서 그것들이 모두 지금까지 알려지지 않은 어떤 원인에 의해 물체의 입자들이 서로에게 이끌려 일정한 모양으로 응집

하거나 서로 반발해 멀어지게 하는 어떤 힘에 의존할 수 있다고 의심하게 되었기 때문입니다……."

이 시점에서 우리는 뉴턴이나 아인슈타인을 포함한 뉴턴의 후계자들 중 누구도 이 중력의 본질에 대해 그럴듯한 이론조차 발전시키지 못했다고 말할 수 있다. 우리는 이 힘이 돌을 땅으로 끌어당긴다는 것을 알고 있고, 뉴턴 덕분에 중력으로 인한 운동을 규정하는 법칙은 알고 있지만, 우리가 중력이라고 부르는 이 힘이 실제로는 무엇인지 알지 못한다. 그 신비는 생명의 기원에 대한 신비만큼이나 헤아리기 어렵다.

에딩턴은 이렇게 말한다.

"아인슈타인 교수는 중력의 원인에 대한 궁극적인 설명을 추구했지만 성공하지 못했다. 중력장과 공간의 측정 사이의 일정한 연관성을 가정했지만, 이는 중력 자체보다는 측정의 본질에 더 초점을 맞추고 있다. 상대성이론은 빛의 본질에 대한 가설에 무관심한 것만큼이나 중력의 본질에 대한 가설에도 역시 무관심하다."

뉴턴의 운동 법칙

《프린키피아》에서 뉴턴은 물질과 힘에 대한 간단한 정의들로 시작하여 유명한 세 가지 운동 법칙을 제시한다. 물체를 움직이기 시작하는데 필요한 힘의 성질과 양, 물체를 계속 움직이게 하는데 필요한 조건이 이 법칙에 포함되어 있다. 질량, 시간, 공간이라는 기본 요소는 다양한 관계 속에서 나타난다. 특히 우리에게 중요한 것은 이 법칙에서 시간과 공간이 뚜렷한 실체로서, 그리고 두 개의 뚜렷하고 대단히 분리된 표현으로 간주된다는 점이다. 아인슈타인의 작품에서는 이 두 가지가 매우 밀접한 관계를 맺고 있다는 것을 확인할 수 있다.

뉴턴과 아인슈타인 모두 운동의 수학에 대한 심오한 연구를 통해 중력이론을 이끌어냈지만, 뉴턴의 운동 개념은 아인슈타인과 다르다. 더구나 뉴턴 시대 이후에 물질의 본질과 운동과 물질의 관계에 대한 중요한 발견이 이루어졌기 때문에 두 이론이 차이를 보이는 것은 당연하다. 앞으로 살펴보겠지만 뉴턴의 이론은 어쩌면 진실의 근사치에 불과할 것이다. 우리의 관심을 태양계에 국한한다면, 뉴턴의 법칙에서 나타나는 편차는 대체로 무시할 수 있을 정도로 작다.

뉴턴의 운동 법칙은 유클리드의 공리와 마찬가지로 직접적인 증명을 인정하지 않는 공리이지만, 유클리드의 공리가 더 명료

한 참으로 보인다는 차이점이 있다. 예를 들어, 유클리드가 '동일한 것과 같은 것은 서로 같다'고 말할 때 우리는 이 말이 너무나 자명해 보이기 때문에 주저 없이 받아들인다. 그러나 뉴턴이 '운동의 변화는 항상 작용하는 원동력에 비례한다'고 말했을 때, 처음에는 그 표현에 다소 당황하게 된다. 그 표현을 숙지한 후에도 어느 정도의 과학적 훈련을 받았는가에 따라 반응하는 태도가 달라질 것이다.

뉴턴의 첫 번째 운동 법칙은 다음과 같다.

"모든 물체는 외부에서 작용하는 힘에 의해 그 상태를 바꾸지 않는 한, 정지 상태 또는 일직선으로 균일하게 움직이는 상태를 유지한다."

즉, 물체는 어떤 것이 움직이게 하지 않으면 움직이지 않는다. 물체를 움직이려면 물체의 관성을 극복해야 한다. 반면에 이미 움직이고 있다면, 기차가 멈추었을 때 우리의 몸이 앞으로 쏠리는 것처럼, 물체는 계속해서 움직이려는 성질이 있다.
총열을 떠난 총알은 왜 계속해서 무한히 날아가지 않을까? 그 이유는 총알이 극복해야 하는 공기 저항 때문이다. 또한 총알의 경로가 직선이 아닌 것은 중력이 작용하여 아래로 끌어당기기 때문이다.

한 번 움직이기 시작한 물체가 무한한 시간 동안 직선을 따라 계속 움직인다는 것을 증명할 수 있는 확실한 방법은 없다. 뉴턴이 말한 것은 외부의 힘이 작용하지 않는다면 물체가 계속 움직인다는 것이었지만, 실제로는 그러한 상태를 알 수는 없다.

뉴턴의 첫 번째 법칙은 힘을 정지 상태 또는 등속 운동 상태를 변화시키는데 필요한 작용으로 정의하고 힘만이 물체의 운동을 변화시킨다는 것을 알려준다. 그의 두 번째 법칙은 가해진 힘과 그에 따른 물체의 운동 변화의 관계, 즉 힘을 측정할 수 있는 방법을 보여준다.

"운동의 변화는 항상 가해진 원동력에 비례하며, 힘이 가해진 직선의 방향으로 이루어진다."

뉴턴의 세 번째 법칙은,

"모든 작용에는 항상 반작용이 있으며, 그 크기는 같고 방향은 반대"라는 것이다.

힘을 사용해야 한다는 사실 자체가 반대되는 성질의 무언가를 극복해야 한다는 것을 의미한다. 배를 견인하는 말이 앞으로 당기는 힘은 배와 말을 연결하는 견인 밧줄이 뒤로 당기는 힘과 같다.

왓슨 교수는 이렇게 말한다.

"많은 사람이 이 말을 받아들이는데 어려움을 느낀다. 말이 밧줄에 가하는 힘이 밧줄이 말에 가하는 후진력보다 약간 더 크지 않으면 배는 앞으로 나아가지 않을 것이라고 생각하기 때문이다. 하지만 이 경우 우리는 상대적인 위치에 관한 한 말과 배는 정지 상태에 있으며 하나의 몸체를 형성한다는 것을 기억해야 한다. 밧줄의 장력으로 인해 그들 사이의 작용과 반작용은 크기가 같고 방향이 반대여야 한다. 그렇지 않으면 서로에 대해 상대적인 운동이 발생할 것이기 때문이다."(서로 가까워지거나 멀어지는 상대적인 운동)

뉴턴의 법칙이 시간과 공간의 문제에 어떤 영향을 미치는지에 대해 의문이 생길 수도 있다. 간단히 말하면, 힘을 측정하기 위해 필요한 요소는 관련된 물체의 질량, 소요된 시간, 그리고 이동한 거리이며, 힘을 측정하는 뉴턴의 방정식은 시간과 공간이 서로 완전히 독립적이라고 가정한다. 앞으로 확인하게 되겠지만, 이것은 아인슈타인의 견해와 뚜렷한 대조를 이룬다.

뉴턴의 빛에 대한 연구

1665년, 23세였던 뉴턴은 이항정리(二項定理)와 미적분을 발명했는데, 이 두 가지는 순수 수학의 단계로 많은 대학 신입생들이 잠을 이루지 못하는 원인이 되었다. 뉴턴이 다른 일을 하지 않았다 해도 그의 명성은 전혀 변하지 않았을 것이다. 하지만 우리는 이미 역제곱 법칙과 인력 법칙도 살펴봤다. 이제는 광학에 대한 뉴턴의 공헌을 살펴볼 차례다. 다른 어떤 분야보다 아인슈타인의 연구에서 가장 빛나는 일련의 연구들의 시작점을 찾아볼 수 있게 될 것이다.

1666년에 뉴턴은 흰색으로 보이는 태양의 빛이 실제로는 무지개의 모든 색이 혼합되어 있다는 사실을 증명하면서 광학에 관심을 돌렸다. 그는 광선과 스크린 사이에 프리즘을 배치하여 이를 보여주었다. 빨간색에서 보라색까지 모든 색을 보여주는 스펙트럼이 화면에 나타났다.

그의 또 다른 주목할 만한 업적은 망원경을 설계하여 물체의 초점을 선명하게 맞추고 그동안 과학자들이 천체 관측을 할 때 많은 불편을 겪었던 흐릿해지는 현상을 방지한 것이었다.

뉴턴이 1704년에 출판한 광학에 관한 책에는 이러한 발견과 그 밖의 매우 흥미로운 발견들이 한데 모여 있다. 여기에서 우리는 빛의 본질에 대해 그가 발전시킨 견해를 특별히 관심 깊게 살펴보려고 한다.

빛의 본질이 고대인들에게도 추측의 대상이었을 것이라는 사실은 놀라운 일이 아니다. 예를 들어 촉각과 같은 다른 감각이 사물에 대한 인상을 전달한다면 시각은 가장 완전한 인상을 전달한다고 할 수 있다. 외부세계에 대한 우리의 개념은 대부분 시각에 기반을 두고 있으며, 특히 손이 닿지 않는 곳에 있는 물체를 다룰 때는 더욱 그렇다. 따라서 천문학에서는 빛의 속성에 대한 연구가 필수적이다.[1]

하지만 이 빛은 대체 무엇일까? 우리가 눈을 뜨면 보지만, 눈을 감으면 보지 못한다. 캄캄한 밤에 어두운 방에서는 눈을 뜨고 있어도 보지 못한다면 빛이 없다는 뜻이다. 분명히 빛은 우리가 눈을 뜨고 있는지 감고 있는지에 전적으로 의존하지 않는다. 이것만큼은 확실하다. 즉, 눈이 작용하고 다른 무언가도 작용을 한다. 이 '다른 무언가'는 무엇일까?

이상하게도 플라톤과 아리스토텔레스는 빛을 눈의 속성으로만 여겼다. 눈의 촉수가 발사되어 물체를 가로채 밝게 빛나도록 한다는 것이다. 이미 논의한 바에 따르면 그런 견해는 매우 비현실적으로 보인다. 다른 분야에서 나타난 그들의 철학과 훨씬 더 일치하는 것은 빛이 눈이 아닌 물체에서 비롯되며 물체에서 눈으로 이동한다는 이론이었을 것이다. 아리스토텔레스의 견해가 얼마나 빈약한 것인지는 사진술을 보면 즉시 알 수 있다. 여기서 광선은 눈의 속성과 아무런 관계없이 작용한다. 시각장애인도 카메라 셔터를 눌러 사진판에 이미지를 남길 수 있다.

물론 뉴턴은 플라톤이나 아리스토텔레스처럼 그런 오류에 빠지지 않았다. 그에게 빛의 근원은 발광체였다. 이러한 물체는 빠른 속도로 미세입자들을 방출하는 힘을 가지고 있었고, 망막에 닿은 그 입자들이 시각을 생성한다. 뉴턴의 이러한 방출 또는 입자 이론은 동시대의 저명한 네덜란드 학자인 호이겐스(Huyghens)*가 매우 강하게 반박했다. 그는 빛이 발광체에서 시작하여 사방으로 퍼져나가는 파동현상이라고 주장했다. 바다에서 파도가 움직이는 것과 유사하다고 했다.

뉴턴이 호이겐스의 파동이론에 강력하게 반대했던 것은 빛이 직선으로 이동하는 이유를 만족스럽게 설명하지 못한다는 것 때문이었다.

"나는 근본적인 가정 자체가 불가능하다고 생각한다. 즉, 어떤 유체의 파동이나 진동도 정지된 매체(medium) 안으로 끊임없이 그리고 매우 과장되게 모든 방향으로 휘어지고 퍼지지 않고는, 광선처럼 직선으로 전파될 수 없다는 것이다. 만약 반증하는 실험과 논증이 존재하지 않는다면 내가 잘못 판단하고 있는 것이다."

입자이론에서는 발광체에서 방출된 입자는 직선으로 이동해야 한다고 생각했다. 빈 공간에서 입자는 직선으로 이동하여 모든 방향으로 퍼져 나갔다. 예를 들어, 뉴턴은 빛이 어떤 종류의 물질(예를 들어, 액체)을 통과하는 방법을 설명하기 위해 빛 입

* Christian Huygens 1629~1695: 네덜란드의 물리학자. 뉴턴의 입자설을 반대하며 빛의 파동설을 주장.

자가 액체 분자 사이의 공간을 이동한다고 가정했다.

호이겐스는 파동이론에 대한 뉴턴의 반대에 대해 그다지 설득력 있는 대답을 내놓지 못했다. 오늘날 우리는 고주파의 광파가 직선으로 이동하는 경향이 있지만, 그 경로 근처에 있는 물체의 중력에 의해 그렇게 하지 못할 수도 있다는 것을 알고 있다. 하지만 이것은 아인슈타인의 발견이다.

1853년 푸코(Foucault)*의 유명한 실험은 뉴턴의 입자이론을 지지할 수 없다는 것을 의심의 여지없이 증명했다. 뉴턴의 이론에 따르면 빛의 속도는 (공기처럼) 가벼운 매질보다 (물처럼) 밀도가 높은 매질에서 더 빨라야 한다. 파동이론에 따르면 그 반대가 참이다. 푸코는 빛이 공기보다 물속에서 더 느리게 이동한다는 것을 보여주었다. 그 사실은 뉴턴에게는 불리하고 호이겐스에게 유리한 것이었으며, 사실과 이론이 충돌할 때 할 수 있는 일은 단 한 가지, 그 이론을 폐기하는 것뿐이었다.

뉴턴에 대한 몇 가지 사실

케임브리지 사람이었던 뉴턴은 케임브리지를 수학의 중심지

---

* Jean Bernard Foucault 1819~1868: 프랑스의 물리학자. '푸코의 진자'라는 장치를 만들어 지구의 자전을 실험으로 최초로 증명했다.

로 유명하게 만들었다. 뉴턴의 시대 이후로 케임브리지에서는 맥스웰(Maxwell)*과 레일리(Rayleigh)**를 자랑으로 삼았으며, 라모어(Larmor)***, J. J. 톰슨(Thomson)****, 러더퍼드가 그 뒤를 잇고 있다.

뉴턴은 18세에 트리니티 대학에 입학한 후 곧 고등수학에 전념했다. 1669년, 겨우 27세였던 그는 케임브리지의 수학 교수가 되었고, 나중에 의회에서 학계의 대표로 활동했다. 친구인 몬태규가 재무부 장관이 되었을 때 뉴턴은 조폐국의 국장 자리를 제안받고 수락했다.

뉴턴은 왕립학회의 회장으로서 때때로 앤 여왕을 만나기도 했다. 뉴턴을 높이 평가했던 여왕은 1705년에 기사 작위를 수여했다. 뉴턴은 1727년에 84세의 나이로 사망했다.

그는 자신에 대해 이런 글을 남겼다.

"내가 세상에는 어떻게 보일지 모르겠지만, 나 자신에게는 그저 해변에서 놀다가 가끔씩 평범한 것보다 더 매끄러운 조약돌이나 예쁜 조개껍질을 발견하는 소년처럼 보일 뿐이다. 진리의

---

* James Maxwell 1831~1879: 영국의 물리학자, 수학자. 맥스웰은 전기장과 자기장이 공간에서 빛의 속도로 전파되는 파동을 이룰 수 있음을 증명하였다.
** John Rayleigh 1842~1919: 영국의 물리학자.
*** Joseph Larmor 1857~1942: 북아일랜드 태생의 물리학자, 수학자.
**** Joseph John Thomson 1856~1940: 영국의 물리학자. 기체 방전의 연구로 전자의 존재를 증명했다. 질량 분석기를 제작하여 네온의 동위원소 분리에 성공했다.

거대한 바다는 아직 내 눈 앞에 펼쳐지지도 않았다"

이것이 많은 사람들이 역대 최고의 지성으로 꼽는 한 사람의 겸손한 태도였다.

1장 저자 주

주 1 이 지구에는 실제로 시각 이외의 다른 감각이 접근할 수 있는 우주의 작은 구석이 있다. 그러나 감각과 미각은 '접촉'할 때 물질 입자들을 분리하는 미세한 거리에서만 작용한다. 냄새는 기껏해야 1, 2마일 정도까지 미치며, 지금까지 알려진 소리의 최대 이동 거리(1883년 크라카토아Krakatoa가 폭발했을 때)는 지구 허리띠의 일부라 할 수천 마일에 불과하다. ― 옥스퍼드 대학의 H. H. 터너(Turner) 교수.

제2장

에테르와 그 결과들

✳✳*✳*

현재 일반적으로 받아들여지고 있는 호이겐스의 빛의 파동이
론은 이러한 파동이 전파되는 매질을 고려하지 않으면 그 의미
를 완전히 잃게 된다. 이 매질을 우리는 에테르라고 부른다.[1]

호이겐스의 추론은 다음과 같은 방식으로 설명할 수 있다. 몸
을 움직이면 어떤 힘이 밀거나 당긴다. 그 힘 자체는 어떤 종류
의 물질에서 구현된다. 말이 좋은 예가 된다. 수레를 끄는 말은
수레에 매어져 있다. 배를 끄는 말은 배에 직접 매어져 있지 않
고 밧줄에 매어져 있으며, 이 밧줄은 다시 배에 매어져 있다. 하
나의 물질이 다른 물질에 영향을 미치는 일반적인 경우, 일부는
직접 접촉하고 일부는 중간 매개체를 거친다.

그러나 접촉의 증거 없이 물질이 물질에 영향을 미치는 경우
도 알려져 있다. 철 조각을 끌어당기는 자석의 인력을 예로 들
어보자. 철을 자석 쪽으로 끌어당기는 밧줄은 어디에 있을까?

자석과 철 사이에 있는 공기로 인한 인력이 아닐까 생각할 수도 있을까? 하지만 공기를 제거해도 인력은 멈추지 않는다. 그러나 어떤 중간 매개체가 없다면 철이 어떻게 자석으로 끌려간다는 것을 생각할 수 있을까? 아마도 감각으로 쉽게 인식할 수 없는, 따라서 엄밀히 말해 물질의 형태가 아닌 어떤 매개체가 있는 것은 아닐까?

이러한 매개체를 상상할 수 있다면 자석이 이 매개체에 진동을 일으켜 철에 전달되는 것을 상상할 수 있다. 자석은 자석에 가장 가까운 매개체의 해당 부분에서 교란을 일으킬 수 있으며, 이 부분이 이웃 매개체의 다음 부분으로 전달하고, 교란이 철에 도달할 때까지 계속된다. 즉, 우리는 먼 거리에서 일어나는 막연한 작용보다 실제 접촉에 의한 작용을 선호함으로써 우리의 감각 인식을 만족시키는데, 이때 밧줄이 아닌 중간 매개체가 바로 에테르라는 것이다.

푸코의 실험은 빛의 입자이론을 완전히 무너뜨렸고, 더 그럴듯한 대안이 없어 우리는 다시 호이겐스의 파동이론으로 돌아가게 되었다. 현재로서는 이 파동이론이 훌륭한 대안이 될 수 있는 요소들을 포함하고 있는 것으로 보인다. 한편, 빛이 파동운동으로 간주된다면, 이 파동이 전파되는 매개체는 무엇인가라는 질문이 즉시 제기된다. 파도의 매개체가 물이라면 빛의 파동이 전달되는 매개체는 무엇일까? 다시 대답하자면, 이 매개체는 에테르이다.

'에테르'란 무엇일까?

열기구 조종사는 공기의 밀도(주어진 공기에 포함된 산소의 양)가 점점 줄어들기 때문에 더 높이 올라갈수록 점점 더 불편해진다는 것을 알게 된다. 기상학자들은 우리가 숨 쉬는 공기는 약 200마일 상공까지 도달할 수 있다고 계산했다. 하지만 그 너머에는 무엇이 있을까? 에테르 외에는 아무것도 없다고 한다. 태양과 별에서 나오는 빛은 에테르를 통해 우리에게 도달한다는 것이다.

하지만 이 에테르는 무엇일까? 우리는 그것을 다룰 수 없고 볼 수도 없다. 에테르는 우리의 감각 범위 안에 들어오지 않으며, 그 존재를 확인하려는 모든 시도가 실패로 돌아갔기 때문이다. 통속적인 의미에서 영혼과 흡사한 존재이다. 그것은 죽은 자의 영혼을 위한 로지(Lodge)*의 매개체이다.

---

* Oliver Lodge 1851~1940: 영국의 물리학자. 무선 전보 기술에 관한 특허를 다수 보유한 발명가. 심령주의, 사후 세계에 대한 연구로도 유명하다.

헬름홀츠(Helmholtz)와 켈빈(Kelvin)은 파동이 에테르를 통해 전파되는 방식에 대한 면밀한 연구를 통해 이 가상의 물질이 지닌 몇 가지 속성을 확인하기 위해 노력했다. 파동이론이 우리에게 가르치는 것처럼 에테르가 움직일 수 있다면 역학법칙에 따라 질량을 갖는다. 그렇다면 에테르는 가장 정확한 저울로 감지할 수 있는 양보다 더 적을 것이다. 더 나아가, 이것은 쉽게 설명하기 어려운 문제인데, 만약 이 에테르에 질량이 있다면 왜 그 안에 있는 행성들의 속도를 감지할 수 있는 저항이 발생하지 않는 것일까? 소총 총알의 속도가 공기의 저항으로 인해 감소하는 것처럼 시간이 지남에 따라 행성의 속도가 감소하지 않는 이유는 무엇일까?

로지는 에테르가 모든 공간과 모든 물질에 퍼져 있기 때문에 그 존재를 감지할 수 없다고 주장한다. 그가 가장 좋아하는 비유는 심해 물고기가 사방을 둘러싸고 있는 물의 존재를 발견할 가능성이 극히 희박하다는 점을 지적하는 것이다. 이 비유는 정작 에테르에 대해서는 아무것도 알려주지 않지만 우리가 감지할 수 없는 이유만을 말해주는 것일 뿐이다.[2]

요컨대, 이 단락의 앞부분에 있는 질문에 대한 답은 모른다고 말할 수 있다.

에테르에 설정된 파동

파동의 길이는 모두 동일하지 않다. 시각을 일으키는 파동은 알려진 파동들 중 가장 짧은 것은 아니지만, 그 길이가 너무 짧아서 1야드를 채우려면 100만에서 200만 개가 필요하다. 신기하게도 인간의 눈은 이 한계를 넘어서는 파동에는 민감하지 않지만, 훨씬 더 작고 훨씬 더 큰파동들이 알려져 있다. 가장 작은 파동은 유명한 X-레이로, 광파의 1만 분의 1 크기에 불과하다. 예를 들어 사진판에 강력한 화학작용을 하는 파동은 X-선보다 길지만 광파보다 짧다. 광파보다 큰 파동은 열감을 일으키는 파동과 무선전신에 사용되는 파동이다. 후자는 5,000야드에 달하는 엄청난 길이에 달할 수 있다. X-선, 화학 작용선(자외선), 가시광선, 열선, 무선 전자기파 등 크기는 다르지만 모두 같은 속도(초당 186,000마일)로 이동한다는 공통점이 있다.

빛의 전자기 이론

빛이 전자기 현상이라는 사실을 맥스웰이 발견하면서 공간에 에테르가 퍼져 있다는 개념을 강력하게 뒷받침하게 되었다. 이 재능 있는 영국 물리학자는 순전히 이론적인 고찰을 통해 파동이 전기적 교란의 결과로 발생할 수 있다는 견해를 갖게 되었다. 그는 그러한 파동이 광파와 동일한 속도로 이동한다는 것을 증명했다.

전기 현상을 전달하는데 공기가 필요하지 않기 때문에(기계 장치에서 공기를 모두 빼내 진공 상태를 만들어도 전기 현상이 계속되기 때문에) 맥스웰은 전기 교란에 의해 설정되고 빛과 같은 속도로 전송되는 파동은 빛과 동일한 매체, 즉 에테르의 도움으로 그렇게 할 수 있다는 결론에 도달할 수밖에 없었다.

이제 맥스웰에게는 빛 자체가 전기적 현상에 불과하며, 빛이라는 감각은 전자파가 에테르를 통과하기 때문이라는 이론을 공식화하는 단계만 남아 있었다. 이 이론은 처음에는 상당한 반대에 부딪혔다. 물리학자들은 빛과 전기가 전혀 무관한 현상이라고 가르치는 학교에서 배웠기 때문에 기존 학설의 족쇄에서 벗어나기 어려웠다.

하지만 두 가지 놀라운 발견이 맥스웰의 이론에 관심을 집중시키는데 도움이 되었다. 하나는 맥스웰의 이론적 추론을 실험으로 확인한 것이었다. 헬름홀츠의 제자였던 헤르츠(Hertz)*는 라이덴병**의 방전이 어떻게 진동을 일으키고, 이것이 다시 에테르에 파동을 일으키는지를 보여주었다.

---

* Heinrich Hertz 1857~1894: 독일의 물리학자. 전자기파의 존재를 처음 실증해 보였다.
** Leyden jar: 정전기를 축적하는 도구이다.

이 파동은 속도의 측면에서는 빛과 비슷하지만 파장은 빛보다 훨씬 더 길었다. 나중에 마르코니는 이 파동을 더 면밀하게 연구하여, 무선 메시지를 한 곳에서 다른 곳으로 쉽게 보낼 수 있게 되었다.

빛과 전기 사이에 밀접한 관계가 있는 것처럼 빛과 자기 사이에도 밀접한 관계가 있다. 이러한 관계를 최초로 밝혀낸 사람은 저명한 패러데이(Faraday)*였지만, 이 분야에서 가장 광범위한 연구를 수행한 사람은 제이만(Zeeman)**이었다.

만약 불꽃 속으로 평범한 소금을 던지고 분광기를 사용하여 생성된 스펙트럼을 검사한다면, 매우 두드러지게 나타나는 두 개의 밝은 선을 볼 수 있다. 이 노란색 선들은 D−선으로 알려져 있으며, 미량의 나트륨도 식별할 수 있다. 나트륨에서 볼 수 있는 현상은 다른 원소들에서도 마찬가지로 나타난다. 즉, 모든 원소들은 매우 독특한 스펙트럼을 생성한다. 제이만은 강력한 자기장 사이에 불꽃을 놓고 소금을 던지면 두 개의 노란 선이 열 개의 노란 선으로 바뀐다는 것을 발견했다. 이것은 자기장이 빛에 미치는 영향 중 하나이다.

---

* Michael Faraday 1791~1867: 영국의 물리학자, 화학자. 전자기학과 전기화학 분야에 큰 기여를 했다. 그가 발명한 전자기 회전 장치는 전기 모터의 근본적 형태가 되었고, 전기를 실생활에 사용할 수 있게 되었다.

** Pieter Zeeman 1865~1943: 네덜란드 물리학자. 자기장 내에서 스펙트럼선의 분열(제이만 효과)를 발견했다.

전자

'제이만 효과(Zeeman effect)'는 그 특징과 관련된 몇 가지 이론으로 이어졌다. 그 중 가장 성공적인 것은 라모어가 제안하고 로렌츠가 더 자세히 다룬 이론이다. 무선파와 광파의 유일한 차이점이 무선파가 훨씬 '더 길고', 진동이 훨씬 느리다는 것은 이미 지적된 바 있다. 광파와 무선파는 고음과 저음이 만들어내는 관계에 비견할 수 있을 정도로 서로 밀접한 관계를 맺고 있다.

무선파를 생성하기 위해 우리는 전하가 이리저리 진동하도록 한다. 이러한 진동, 즉 진동하는 전하가 이러한 파동의 원인이다. 어떤 전하가 광파를 발생시킬까? 로렌츠(Lorentz)*는 제이만 효과를 연구한 결과, 화학 원자보다 작은 미세한 물질의 입자에서 광파가 발생한다고 보고 '전자'라는 이름을 붙였다.

전기의 단위는 전자다. 운동하는 전자는 전기를 발생시키고 진동하는 전자는 빛을 발생시킨다. 로렌츠는 제이만 효과를 통해 이러한 전자의 질량을 계산할 수 있는 충분한 데이터를 얻었다. 그런 다음 그는 자기장 내에서 이러한 전자가 제이만의 관

---

* Hendrik Lorentz 1853~1928: 네덜란드의 물리학자. 원자론을 전자기론에 도입한 '로렌츠의 전자론'을 확립했다. 맥스웰의 전자기학 이론을 발전시켜, 물질을 하전 입자의 집합이라고 생각하는 전자론에 기반하여 광학, 전자기 분야의 다양한 현상을 설명해, 전자가 실제로 존재하는 입자라고 주장했다.

찰이 가리키는 양만큼 정확하게 교란된다는 것을 보여주었다. 즉, 전자의 가설은 자기와 빛에 대한 제이만의 실험과 가장 잘 맞아떨어졌다. 그동안 기체를 통한 전기 방전에 대한 연구가 있었고, 그 이후 라듐의 발견은, 무엇보다도 베타선 또는 음극선 즉, 음전하를 띤 전기 입자에 대한 연구로 이어졌다.

일련의 놀라운 독창적인 실험을 통해 J. J. 톰슨은 이러한 입자 또는 소립자의 질량을 알아냈으며, 그 후에는 톰슨의 소립자와 로렌츠의 전자가 동일한 무게라는 매우 놀라운 사실이 밝혀졌다. 전자는 단순히 전기의 단위가 아니라 물질의 가장 작은 입자였다.

물질의 본질

모든 물질은 약 80여 개의 원소로 구성되어 있다. 산소, 구리, 납이 이러한 원소의 예이다. 각 원소는 무수히 많은 원자로 구성되어 있으며, 그 크기는 매우 작아서 3억 개의 원자를 나란히 놓아도 전체 길이가 1인치를 넘지 않을 수 있다.

100여 년 전 돌턴(Dalton)*은 화학의 기본 법칙들 중의 한 가

---

* John Dalton 1766~1844: 잉글랜드의 화학자, 물리학자, 기상학자. 원자설의 첫 제창자로 알려져 있다.

지를 설명하기 위해 현재 원자이론으로 알려진 이론을 가정했다. 이 이론은 물질은 무한히 나눌 수 없지만 계속 세분화하면 더 이상 나눌 수 없는 지점에 도달할 것이라는 고대 그리스의 가설에서 출발했다. 돌턴은 이 단계의 입자를 원자라고 불렀다.

돌턴의 원자 가설은 화학의 전체 상부구조를 떠받치는 기둥들 중의 하나가 되었는데, 이는 다른 어떤 가설보다 훨씬 더 만족스럽게 여러 난제들을 설명했기 때문이었다.

거의 한 세기 동안 돌턴의 가설은 바위처럼 굳건히 유지되었다. 그러나 90년대 초에 크룩스(Crookes)*, 러더퍼드, 레너드(Lenard)**, 뢴트겐(Roentgen), 베커렐(Becquerel), 그리고 무엇보다도 J. J. 톰슨과 같은 물리학자들이 기체를 통한 전기 방전에 대한 획기적인 실험을 시작했다. 이 실험들은 원자가 물질의 가장 작은 입자가 아니라는 사실, 즉 지름이 원자의 10만분의 1인 전자로 분해될 수 있다는 사실을 매우 명확하게 밝혀냈다.

저명한 마리 퀴리(Curie)***는 라듐의 분리를 통해 이를 의심의 여지없이 확인했다. 퀴리 부인이 보여준 것처럼, 말하자면 사람의 눈앞에서 실제로 원자가 분해되는 원소가 있었던 것이다.

---

* William Crookes 1832~1919: 영국의 화학자, 물리학자.

** Philipp Lenard 1862~1947: 헝가리 출신의 독일 물리학자. 음극선이 질량을 갖는 입자들의 흐름이라는 특성을 발견하여 1905년 노벨 물리학상을 수상했다. 반유대주의자였던 그는 알베르트 아인슈타인의 과학에 대한 공헌을 '유대인 물리학'이라고 불렀다

*** Marie Curie 1867~1934: 폴란드 출신의 프랑스 과학자. 방사능 분야의 선구자.

돌턴의 시대 이후 지금까지 우리는 돌턴의 단위인 원자를 태양계를 본뜬 복잡한 입자로 묘사하고 있으며, 중앙에는 양전기의 핵이 있고 그 핵을 둘러싸고 있는 음전기의 입자, 즉 전자가 있다.

이 모든 것이 피할 수 없는 결론으로 이어진다. 물질은 본질적으로 전기적이라는 것이다. 하지만 물질과 빛의 기원이 같고 물질이 중력의 영향을 받는다면 빛도 마찬가지가 아닐까? 아인슈타인은 그렇게 추론했다.

뉴턴의 움직이는 물질에 대한 연구는 중력이론으로 이어졌고, 부수적으로 시간과 공간을 확실한 실체로 보는 개념을 갖게 되었다. 앞으로 살펴보겠지만, 아인슈타인의 중력이론은 뉴턴 이후 시대의 발견들에 기초하고 있다. 그 중 하나가 바로 시간과 공간을 분리할 수 없는 하나로 보는 민코프스키*의 이론이다. 이 이론에 대해서는 다음 장에서 자세히 설명하기로 한다.

아인슈타인의 연구로 이어진 또 다른 중요한 발견은 물질의 전자이론으로 정점을 찍은 연구였다. 이 이론의 기원은 빛의 본질을 다룬 연구에서 찾을 수 있다.

여기에서도 뉴턴이 선구자로 등장한다. 그러나 뉴턴의 입자이론은 푸코가 물속에서는 빛의 속도가 공기보다 느리다는 것

---

* Hermann Minkowski 1864~1909: 러시아계의 독일 수학자. 수론의 문제를 기하학적인 방법을 사용하여 푸는 기하학적 수론, 수리물리학, 상대성이론 등에 업적을 남겼다.

을 보여주면서 전혀 유지할 수 없는 것으로 판명되었다. 이것은 입자이론이 요구하는 것과는 정반대이지만 호이겐스의 파동이론과 일치하는 것이었다.

그러나 호이겐스의 파동이론은 파동이 작용할 수 있는 매질을 가정했다. 이 매질에는 '에테르'라는 이름이 붙여졌다. 하지만 그런 에테르의 존재를 보여주려는 시도는 모두 실패했다. 당연하게도 사람들은 에테르의 존재 자체를 의심하기 시작했다.

빛이 전자기 현상이라는 맥스웰의 발견, 즉 광원에 의해 발생하는 파동이 전기적 교란에 의해 발생하는 파동과 비슷하다는 사실을 발견하면서 호이겐스의 파동이론은 새로운 생명을 얻게 되었다.

이어서 제이만은 자기 역시 빛과 밀접한 관련이 있음을 보여주었다. 로렌츠는 제이만의 실험을 연구한 결과 전기현상은 '전자'라 불리는 하전입자의 운동에 의한 것이며, 이 전자의 진동이 빛을 발생시킨다는 결론에 도달했다.

기체를 통한 전기의 방전이나 라듐 원자의 분열에 대한 연구 등 전자를 물질의 가장 기본적인 요소로 보는 개념은 완전히 다른 방식으로 도달했다.

물질과 빛의 기원이 같고, 물질이 중력의 영향을 받는다면 빛도 마찬가지가 아닐까?

주 1 호이겐스와 라이프니츠는 뉴턴의 역제곱법칙이 '거리에서의 작용', 예를 들어 태양과 지구의 인력을 가정하고 있다는 이유로 반대했다. 물리 법칙의 '연속성'에 대한 이러한 열망은 '에테르'라는 가설을 낳았다. 여기서 우리는 호이겐스가 뉴턴의 법칙에 이의를 제기하게 된 이유가 우리 시대의 아인슈타인이 '에테르' 이론에 이의를 제기하게 된 이유라고 예상하고 말할 수 있다. '물리 법칙을 공식화할 때는 실제로 관찰할 수 있는 인과관계에 있는 것들만 고려해야 했다.' 그리고 '에테르'는 '실제로 관찰되지' 않았다.

'연속성'이라는 개념은 인접한 점들 사이의 거리가 무한히 작음을 의미한다. 따라서 '연속성'이라는 개념은 뉴턴의 유한한 거리와 정반대되는 개념이다.

인과 관계에 대한 진술 즉, '에테르'를 절대적인 기준으로 받아들이기를 거부하는 것은 운동의 상대성원리로 이어진다.

주 2 올리버 로지 경(Sir Oliver Lodge)은 이 에테르의 실재에 대한 믿음을 물질의 실재보다 더 강하게 믿었는데, 그가 최근 뉴욕 청중 앞에서 한 다음 발언을 주목하라.

"내 생각에 우주 공간의 에테르는 매우 완벽한 성질을 가진 실체이며, 엄청난 양의 에너지가 저장되어 있고, 우리가 발견해야 할 구성을 가지고 있지만, 물질보다 훨씬 더 인상적인 실체이다. 우리가 말하는 텅 빈 공간은 에테르로 가득 차 있지만, 우리 감각에 와닿지 않는다. 마치 아무것도 없는 것처럼 보인다. 물질 우주에서 가장 중요한 것은 에테르 이다. 나는 물질이 에테르의 변형이며, 매우 다공성인 물질이고, 거미줄 이나 은하수 또는 매우 미미하고 비실체적인 것과 더 유사한 것으로 믿는다."

그리고 다시 이렇게 주장한다.
"에테르의 성질은 완벽해 보인다. 물질은 그렇지 않아서 마찰과 탄성이 있다. 에테르 공간에서는 어떤 불완전함도 발견되지 않았다. 마모되지 않으며, 에너지 손실도 없고, 마찰도 없다. 에테르는 물질이지만 물질이 아니다. 물리학에서 물질과 에테르는 모두 실체적 실재이지만 사물을 하나로 묶고 시멘트 역할을 하는 것은 우주의 에테르이다. 나는 사물의 미묘한 세계에 주목하여 30년 동안 연구해왔지만 간접적인 방법 외에는 에테르를 손에 넣을 수 없다는 사실을 인정해야 한다."

결론적으로 그는 이렇게 말한다.
"나는 우주의 에테르를 '우주에서 가장 실체적인 것'이라고 생각한다."
그리고 그에게는 그런 견해를 가질 분명한 권리가 있다.

제3장

아인슈타인

***

"뉴턴 시대 이후 중력이론과 관련하여 얻은 가장 중요한 결과입니다. 아인슈타인의 추론은 인간 사고의 가장 위대한 업적들 중의 하나입니다."

1919년 11월 6일 일식탐사의 결과를 논의하기 위해 열린 왕립학회 회의에서 회장인 J. J. 톰슨 경이 한 말이다.

아인슈타인은 또 다른 뉴턴이다. 영국의 가장 뛰어난 물리학자인 톰슨의 입에서 나온 말이다! 자신의 연구로 불후의 명성을 보장받은 이 케임브리지 교수는 누구보다 자신의 말을 신중하게 검토하는 사람이었다.

알베르트 아인슈타인이 무엇을 했기에 이렇게 대단한 찬사를 받을 수 있었을까? 세계가 혼란스럽고, 계급과 인종이 죽음의 투쟁을 벌이고, 수백만 명이 고통받고 굶주리고 있는데 왜 우리는 이 유대인에게 관심을 돌릴 시간을 찾아야 할까? 그의 생각은 유럽의 재앙과 아무런 관련이 없다. 그의 이론이 굶주리는 사람들에게 밀 한 가마니를 더하지 않을 것이다.

답은 어렵지 않게 찾을 수 있다. 사람은 오고 가지만 우주의 신비는 여전히 남아 있다. 우리에게 우주에 대한 더 깊은 통찰력을 제공한 것은 아인슈타인의 훌륭함이다. 과학자들은 헉슬리(Huxley)*가 말하는 불가지론자여서 지구 밖의 활동을 부정하지 않고 단지 지구에서 알 수 있는 것에만 관심을 집중한다. 반면에 우리의 철학자들은 더 멀리 나아간다. 그들 중 일부는 셸리(Shelley)에 대한 어느 시인의 의견처럼 너무 높이 날아올라 거품이 터지기도 한다.

아인슈타인은 실험가인 과학자의 도구를 사용하여 초고층 빌딩을 세웠고 궁극적으로 철학 학교에 도달했다. 그의 역할은 물과 에테르(마취제)를 섞이게 하는 알코올의 역할이다. 에테르와 물은 알코올이 없으면 기름과 물보다 더 잘 섞이지 않지만, 알코올이 있으면 균일한 혼합물을 얻을 수 있다.

---

* Thomas Henry Huxley 1825~1895: 영국의 생물학자. 불가지론(agnosticism)이라는 말을 만들어냈다. 불가지론(不可知論)은 몇몇 명제(대부분 신의 존재에 대한 신학적 명제)의 진위 여부를 알 수 없다고 보며, 또한 사물의 본질은 인간에게 있어서 인식 불가능하다는 철학적 관점이다. 절대적이며 완벽한 진실이 존재한다는 교조주의(敎條主義)의 반대 개념이다.

일식 탐사대의 목표

아인슈타인은 태양 근처를 지나가는 광선이 중력의 작용으로 인해 경로를 벗어나게 될 것이라고 예측했다. 심지어 한 걸음 더 나아가 광선이 경로를 얼마나 벗어나게 될지를 예측했다. 이 예측은 아인슈타인이 수학적인 설명으로 발전시킨 중력이론을 기반으로 했다. 영국 일식탐사대의 목표는 아인슈타인의 가정을 증명하거나 반증하는 것이었다.

탐험의 결과

아인슈타인의 예측은 거의 그대로 이루어졌다.

결과의 중요성

아인슈타인의 중력이론은 시간과 공간에 관한 어떤 혁명적인 아이디어와 밀접한 관련이 있기 때문에, 즉 우주의 원리와 밀접한 관련이 있기 때문에 탐사의 최종 결과는 그의 새로운 우주관의 타당성에 대한 우리의 믿음을 더욱 단단하게 하는 것이었다.

다음 페이지에서는 이 탐사와 그로부터 이어지는 아인슈타인 이론의 더 광범위한 측면에 대해 논의하려고 한다. 하지만 그러기 전에 먼저 태양계에 대한 명확한 개념이 있어야 한다.

우리 태양계

태양계의 중심에는 우리 지구보다 훨씬 크고 아주 멀리 떨어져 있는 타오르는 불덩어리인 태양이 있다. 태양의 주위를 도는 8개의 행성(지구도 그중 하나)이 있고, 일부 행성의 주위에는 위성, 즉 달이 있다. 지구에는 달이라는 위성이 있다.

이제 우리는 하늘에서 반짝이는 모든 별이 우리 태양과 비슷한 태양이며, 자체 행성과 자체 위성을 가지고 있다고 믿을만한 충분한 이유가 있다. 이 별들, 즉 태양은 우리의 태양보다 훨씬 더 멀리 떨어져 있기 때문에 시인들이 말했듯이 태양이 휴식처로 찾아간 밤에만 그 빛이 우리에게 도달한다.

태양계에서 천체들 사이의 거리는 너무 멀어서 제1차 세계대전에서 사용된 달러의 수처럼 마일 수로는 거의 또는 전혀 감동을 전달하지 못한다. 하지만 평균 시속 30마일의 속도로 달리는 급행열차를 타고 있다고 상상해 보자.

뉴욕에서 출발하여 계속 여행하면 4일만에 샌프란시스코에 도착할 수 있다. 같은 속도로 지구 한 바퀴를 계속 여행할 수 있다면 35일 만에 지구를 완주할 수 있다. 이제 같은 속도로 우주로 나아가 달을 향해 여행할 수 있다면 350일 만에 달에 도착할 수 있다. 달에 도착한 후 같은 열차로 달을 일주할 수 있다면 지구를 일주하는 데 35일이 걸리는 것에 비하면 8일 만에 달을 일주할 수 있다. 달로 여행하는 대신 태양으로 가는 여행을 예약한다면, 당신이나 당신의 후손은 350년 후에 태양에 도착할 것이고, 그 후 태양을 한 바퀴 도는 데는 10년이 더 걸릴 것이다.

엄청나게 먼 거리이지만 별과 우리가 떨어져 있는 거리에 비하면 아주 짧은 거리이다. 빛은 시속 30마일로 이동하는 대신 1초에 186,000마일을 이동하며 태양에서 우리에게 도달하는 데 약 8분, 가장 가까운 별에서 우리에게 도달하는데 4년이 조금 넘는 시간이 걸린다. 다른 일부 별들의 빛은 수백 년이 지나도 우리에게 도달하지 못한다.

태양의 일식

이제 우주의 무한히 작은 일부분인 태양계로 돌아와 보자. 우리는 지구가 태양 주위를, 달이 지구 주위를 공전하는 것을 확인했다. 이러한 공전 과정에서 언젠가는 달이 지구와 태양 사이에 직접 들어와야 한다. 그러면 우리는 일식을 보게 된다. 달은 지구보다 작기 때문에 지구 표면의 일부분만 태양 광선으로부터 차단된다. 이렇게 차단된 일부가 개기일식을 겪게 된다. 이것이 1919년 5월의 일식이 브라질에서는 개기일식이었지만 우리에게는 부분일식일 수밖에 없었던 이유를 설명해준다.

아인슈타인의 주장이 다시 증명되다

아인슈타인은 별 중 하나에서 나오는 광선이 태양 표면에 충분히 가까이 지나가면 그 경로가 상당히 굴절될 것이라고 주장했으며, 굴절되는 정확한 양을 계산했다. 우선, 아인슈타인이 광선의 경로가 태양의 영향을 받는다고 가정해야 했던 이유는 무엇일까?

뉴턴의 만유인력의 법칙은 질량이 있는 물체는 서로 끌어당긴다는 사실을 명확히 밝혀냈다. 빛에 질량이 있다면 — 최근의 연구 결과에 따르면 질량이 있는 것으로 확인됐다 — 빛이 태양이나 다른 행성에 끌리지 않을 이유가 없다. 과학자들이 관심을 가졌던 질문은 광선이 경로에서 벗어날지의 여부가 아니라 그 편차가 어느 정도일지였다. 아인슈타인이 제시한 수치가 확인될 수 있을까?

태양계 내의 천체들 중에서 태양이 가장 크기 때문에 별에서 오는 광선에 대해 다른 어떤 행성보다 훨씬 더 큰 인력을 발휘한다. 그러나 일반적인 조건에서는 태양 자체가 매우 밝게 빛나기 때문에 태양의 표면 근처를 통과하는 광선을 포함한 주변의 물체가 완전히 어두워진다. 따라서 달이 태양을 가릴 때, 즉 개기일식이 일어날 때만 이 이론을 시험해 볼 수 있었다.

도표로 나타내보자

별 A를 선택해서 그 빛이 우리에게 오면서 태양을 스쳐 지나간다고 상상해 보자. 광선의 경로가 직선이라면(태양이 아무런 영향을 미치지 않는다면) 그 경로는 AB 선으로 나타낼 수 있다. 그러나 태양의 중력이 작용한다면 실제 경로는 AB′가 되고, 지구의 관측자에게는 별이 A에서 A′로 이동하는 것처럼 보일 것이다.

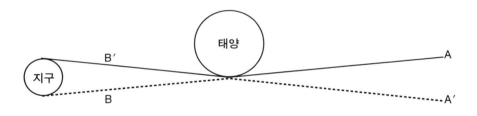

일식탐사대의 임무는 무엇이었을까?

일식이 일어나는 동안 태양 주변에 있는 별들의 사진을 촬영하고, 이 사진들을 태양이 없는 밤에 촬영한 같은 지역의 다른 사진들과 비교했다. 별들의 명백한 이동은 사진판에 표시된 대로 별들 사이의 거리를 측정하여 확인할 수 있다.

예상되는 세 가지 가능성

뉴턴의 가설에 따르면 빛은 광원에서 방출되는 소립자, 즉 미세입자로 구성되어 있다. 이것이 사실이라면 질량을 가진 이 입자들은 태양의 중력에 영향을 받아야 한다. 뉴턴의 중력이론을 적용하고 그의 공식을 사용하면 이러한 중력이 광선을 평균 0.75(각거리의 초)[1]만큼 변위시킨다는 것을 알 수 있다.

반면에 빛을 공간의 '에테르' 속에서 움직이는 파동으로 간주하고(빛의 파동이론) 빛의 무게를 완전히 부정하는 경우에는 편차를 예상할 필요가 없다.

마지막으로 세 번째 대안이 있다. 즉, 아인슈타인의 이론이다. 아인슈타인에 따르면 빛은 질량을 가지고 있으므로 무게가 있을 것이다. 질량은 빛이 포함하고 있는 물질이며, 무게는 중력에 의한 인력을 나타낸다. 광선은 태양에 의해 끌어당겨지지만 아인슈타인의 중력이론에 따르면 태양의 중력은 광선을 평균 1.75(각초)만큼 이동시킨다.

일식탐사대

최근의 많은 반대 사례에도 불구하고 과학은 매우 국제적이라는 사실은 영국 일식탐사대가 증명한다. 베를린 대학의 물리학 교수직을 수락한 한 사람이 제안한 이론이 있었고, 영국 해협 건너편에는 베를린 교수가 제안한 이론의 타당성을 시험하기 위해 정교한 준비를 하고 있던 독일의 숙적들이 있었다.

영국 천문학회는 제1차 세계대전이 발발하기 전부터 일식탐사를 준비하기 시작했다. 그 후 몇 년 동안 영국 역사상 가장 암울했던 시기이며 하루하루의 운명이 불안했던 국가의 운명에도 불구하고 영국 천문학자들은 계획된 탐사의 세부사항을 계속 점검했다. 일식 당일이 다가오자 모든 준비가 완료되었다.

크로멜린 박사(Crommelin)가 이끄는 탐사대는 브라질의 소브랄로, 에딩턴 교수(Eddington)가 이끄는 탐사대는 아프리카 서부 해안의 섬 프린시페로 파견되었다. 이 두 곳 모두 개기일식이 예상되는 지역이었다.

1919년 5월 29일에 일어난 일식은 6~8분 동안 지속되었다. 평균 노출 시간이 5~6초인 약 15장의 사진이 촬영되었다. 두 달 후 같은 지역에서 또 다른 사진들이 촬영되었지만 이번에는 태양이 더 이상 별들의 중심에 있지 않았다.

이 사진들은 런던 근처의 유명한 그리니치 천문대로 옮겨졌고, 천문학자와 수학자들은 공을 들여 측정과 계산을 시작했다.

11월 6일에 열린 왕립학회 회의에서 그 결과가 발표되었다. 소브랄 탐사대는 1.98, 프린시페 탐사대는 1.62라고 보고했으며, 평균은 1.8이었다. 아인슈타인은 1.75를 예측했으며, 뉴턴은 0.75를, 정통 과학자들은 0을 예측했다. 이제 세 가지 이론 중 어느 것이 확실한 기초 위에 놓여 있는지에 대해서는 더 이상 의문을 제기할 수 없게 되었다.

왕립 천문학자 다이슨 경*은 '사진판을 면밀히 검토한 결과 아인슈타인의 예측을 확인시켜주는 결과라는 사실을 전혀 의심할 수 없다. 아인슈타인의 중력법칙에 따라 빛이 굴절된다는 매우 확실한 결과를 얻었다.'고 밝혔다.

아인슈타인은 중력에 대한 아이디어를 어디서 얻었을까?

1905년 아인슈타인은 '상대성이론'이라는 이름을 붙인 시간과 공간에 대한 이론을 뒷받침하고 확장하는 일련의 논문 중 첫 번째 논문을 발표했다. 아인슈타인이 설명한 이러한 견해는 뉴턴의 시간과 공간에 대한 생각, 그리고 뉴턴의 만유인력의 법칙과 직접적인 충돌을 일으켰다. 아인슈타인은 뉴턴의 중력이론보다 자신의 상대성이론에 더 큰 믿음을 가지고 있었기 때문에 자신의 이론과 조화를 이루도록 뉴턴의 이론을 변경했다. 이 주

---

* Frank Dyson 1868~1939: 영국의 천문학자. 아인슈타인의 일반상대성이론을 증명하는 데 기여했다.

제에 대해서는 더 자세히 설명하기로 하겠다.

독자들이 오해하지 않기를 바란다. 뉴턴이 전적으로 틀린 것은 아니다. 단지 대략적으로 맞았을 뿐이다. 뉴턴 당시의 지식으로는 뉴턴이 했던 것보다 더 많은 것을 해낼 수 없었고, 그 누구도 그 이상을 해낼 수는 없었다. 그러나 뉴턴의 시대 이후 물리학은 물론 과학 전반이 비약적으로 발전했고, 아인슈타인은 뉴턴이 그의 시대에 할 수 있었던 것과 같은 탁월한 방식으로 현재의 지식을 해석할 수 있었다. 더 많은 사실을 바탕으로 아인슈타인의 중력법칙은 뉴턴의 법칙보다 더 보편적이며, 실제로 뉴턴의 법칙을 포함하고 있다.

하지만 이제 우리는 아인슈타인의 중력법칙을 이끌어낸 상대성이론에 대해 아주 잠깐 관심을 돌려야 한다.

상대성이론

아인슈타인이 지붕에서 떨어지는 한 남자를 보고 아이디어를 얻었다는 이야기가 있다. 이 이야기는 뉴턴의 사과와 놀라울 정도로 유사하다. 어쩌면 둘 다 사실일지도 모른다.[2]

어쨌든 상대성원리는 절대 시간 또는 절대 공간의 측정 가능성을 부정한다는 점에서 철학적 사고만큼이나 오래된 원리이다. 모든 것은 상대적이다. 우리는 뉴욕에서 올버니까지 가는데 '오랜 시간이 걸린다'고 말하는데, 무엇에 비해 그 시간이 긴 것일까? 아마 뉴욕시에서 브루클린까지 가는데 걸리는 시간과 비교하면 길 것이다.

우리는 백악관이 '크다'고 말하는데, 아파트의 방과 비교했을 때 큰 것이다. 하지만 시간과 거리에 대한 우리의 생각을 뒤집어 생각해 볼 수도 있다. 뉴욕에서 올버니까지 가는 데 걸리는 시간은 뉴욕에서 샌프란시스코까지 가는 시간과 비교하면 '짧다'고 할 수 있다. 백악관의 크기는 워싱턴시의 크기에 비하면 '작다'고 할 수 있다.

다른 예를 들어보자. 우리는 지구가 자전축을 돌 때마다 이것을 하루로 표시한다. 이를 바탕으로 지구가 태양 주위를 공전하는 데는 365일이 조금 넘게 걸리며, 우리는 이 365일을 1년이라고 부른다. 하지만 이제 다른 행성들을 생각해 보자. 우리의 시간을 기준으로 목성이나 토성이 자전하는 데 걸리는 시간은 지구가 자전하는 데 걸리는 24시간에 비해 10시간이 더 걸린다.

토성의 하루는 우리 하루의 절반도 안 되고, 지구 주민들의 계산에 따르면 우리의 하루는 토성의 두 배 이상이다. 수성은 88일 만에 태양 주위를 돌고, 해왕성은 164년 만에 태양 주위를 완주한다. 수성의 1년은 지구의 4분의 1에 불과하고 해왕성은 지구의 164배에 달한다. 그리고 수성과 해왕성의 관측자들은 우리의 표준과는 다른 그들의 시간 기준으로 우리를 바라볼 것이다.

왜 우리의 표준시간을 기준으로 모든 것을 측정하지 않느냐고 말할 수도 있다. 하지만 왜 그래야 할까? 그러한 선택은 대단히 자의적일 수 있다. 절대적인 기준이 아니라 태양 주위의 속도에 따라 달라질 뿐이다.

이러한 아이디어는 형이상학에서 충분히 오래 논의해온 것이다. 아인슈타인은 이런 문제를 단순히 추측하는데 그치지 않고 수학적인 형태를 부여해 개선했다.

상대성이론의 기원

기차는 지구를 기준으로 움직인다. 지구는 태양을 기준으로 움직인다. 우리는 태양은 정지해 있으며 지구는 태양 주위를 움직인다고 말한다. 하지만 태양 자체가 다른 물체를 기준으로 움직이지 않는다는 것을 어떻게 알 수 있을까? 우리 행성계와 별 그리고 우주 전체가 움직이지 않는다는 것을 어떻게 알 수 있을까? 공간에 절대적으로 고정된 기준점을 확보하지 않는 한 이러한 질문에 답할 수 있는 방법은 없다.

우리는 이미 알려진 빛의 본질에 대한 우리의 견해, 즉 파동 이론으로 언급한 바 있다. 이 이론은 공간에 모든 것을 퍼뜨리는 '에테르'가 존재한다고 가정한다. 즉, 빛은 이 에테르 속에서 파동 교란을 일으켜 전파된다는 것이다. 바다가 에테르라면, 바다의 파도는 에테르가 만들어낸 파도와 비교될 것이다.

하지만 이 에테르는 무엇일까? 에테르는 보이지 않으며, 무게를 거부한다. 모든 공간에 스며들며 모든 물질을 관통한다. 이 에테르의 지지자들은 그렇게 말한다. 일반인에게 이것은 신(神)의 다른 이름처럼 들린다. 로지 경에게 에테르는 죽은 자의 영혼을 나타낸다.

우리에게 중요한 것은 이 에테르가 절대적으로 고정되어 있다는 개념이다. 광학 및 전기의 다양한 발전을 고려하면 이러한 개념은 논리적이다. 그러나 절대적으로 고정되어 있다면 에테르는 오랫동안 찾으려 했던 기준점이자 우주에 있는 모든 천체의 움직임을 결정하는 기준이 된다.

마이컬슨 교수가 수행한 유명한 실험

에테르가 있으며, 이 정지된 에테르를 기준으로 지구가 움직인다면, 기차가 움직일 때 공기의 흐름을 만드는 것처럼 지구도 움직일 때 에테르의 '흐름'을 만들어야 한다. 그래서 젊은 아나폴리스 졸업생이었던 마이컬슨(Michelson)*은 그렇게 추론했다. 그리고 곧이어 다음과 같은 유추를 통해 설명할 수 있는 결정적인 실험을 이렇게 고안해냈다.

일정한 길이(예를 들어 100야드)의 개울을 거슬러 올라갔다가 다시 돌아오는 것과 같은 길이의 개울을 가로질러 갔다가 다시 돌아오는 것 중 어느 것이 더 빠를까? 수영하는 사람은 오르내리는 여정이 더 오래 걸린다고 대답할 것이다.[3]

우리의 강은 에테르다. 지구가 이 에테르 속에서 움직인다면 에테르의 흐름을 만들어낼 것이고, 그 상류는 지구의 움직임과 평행하게 된다. 이제 이 에테르의 흐름 위로 일정 거리까지 빛줄기를 보내고 돌아온 시간을 기록한 다음, 빛줄기를 직각으로 돌려서 같은 거리를 가로질러 다시 보내고 돌아온 시간을 기록한다고 가정해보자. 빛이 이 두 방향으로 이동하는 데 걸리는 시간은 어떻게 비교될까? 유추를 통해 추론해 보면, 위아래로 흐르는 흐름이 더 오래 걸릴 것이다.

---

* Albert Michelson 1852~ 1931: 폴란드계 미국인 물리학자. 빛의 속도와 에테르에 관한 업적을 남겼다.

마이컬슨의 실험 결과*는 유추와 일치하지 않았다. 위아래로 이동하는 광선과 가로질러 갔다 돌아오는 광선 사이에서 시간의 차이를 탐지할 수 없었다.

그러나 이 결과는 에테르의 가정이 타당한 것이었다면 모든 논거에 반하는 것이었다. 그렇다면 에테르에 대한 우리의 생각을 수정해야 할까? 어쩌면 결국 에테르는 존재하지 않을 수도 있다.

하지만 에테르가 없다면 우주에서 빛의 전파, 그리고 헤르츠파나 무선파와 같은 빛과 관련된 다양한 전기적 현상을 어떻게 설명할 수 있을까?

영국의 라모어와 네덜란드의 로렌츠가 제안했던 또 다른 대안은 에테르의 흐름을 통해 움직이는 방향으로 물체가 수축한다는 것이었다. 물체의 속도가 빛의 속도에 가까워질수록 실제로 물체가 운동 방향으로 짧아진다는 생각은 너무 혁명적인 것이었다. 그래서 라모어와 로렌츠는 물질의 본질에 대한 최근의 연구가 그러한 믿음의 근거를 제공하지 않았다면 이런 관점을 채택하지 않았을 것이다.

---

* 마이컬슨-몰리 실험: 마이컬슨과 에드워드 몰리(Edward Morley 1838~1923)의 실험. 주 설계자인 마이컬슨은 정확한 빛의 속력을 측정하고 에테르의 존재를 증명하는 것이었지만 결과는 예상과 정반대로 나왔고 에테르가 존재하지 않는다는 반증이 되었다. 이 실험의 결과는 광학적 에테르 이론을 부정하는 최초의 유력한 증거가 되었다. 그러나 두 번째 과학 혁명(Second Scientific Revolution)의 이론적 관점의 시발점이라고 불리기도 한다. 앨버트 마이컬슨은 이 실험으로 1907년에 노벨 물리학상을 받았다.

물질은 본질적으로 전기적이라는 사실은 이미 밝혀졌다. 입자를 서로 붙잡는 힘은 전기적인 힘이다. 로렌츠는 전기적 힘을 표현하는 수학 공식을 개발하여 물질이 운동 방향으로 수축한다는 관점으로 이어질 수 있음을 보여주었다.[4]

여러분은 이렇게 말할 것이다. "하지만 이건 말도 안 돼. 만약 내가 어느 한쪽 방향으로 짧아진다면 당장 알아차릴 수 있을 것 아닌가?" 어떤 것은 짧아지고 다른 것은 짧아지지 않는다면 알아차릴 수 있을 것이다. 하지만 특정 방향을 가리키는 모든 사물이 똑같이 짧아진다면 어떻게 알아차릴 수 있을까? 측정막대를 사용해 확인해보면 어떻게 될까? 측정막대 역시 단축된다. 눈으로 직접 확인해볼 수 있지 않을까? 하지만 망막 역시 수축한다. 간단히 말해, 모든 사물이 같은 정도로 수축한다면 마치 전혀 수축하지 않은 것과 같을 것이다.

로렌츠의 그럴듯한 설명이 수수께끼를 더욱 어렵게 만든다.

방금 설명한 놀라운 아이디어는 몇 가지 새로운 시각을 열어주었지만, 우리가 해결하고자 했던 두 가지 문제, 즉 에테르가 존재하는지, 존재한다면 이 에테르와 관련된 지구의 속도는 얼마인지에 대한 답은 여전히 제시하지 못하고 있다. 로렌츠는 에테르가 존재한다고 주장하지만, 에테르에 의한 물체의 속도는 영원히 수수께끼로 남아있어야 한다. 위치를 바꾸면 거리도 바뀌고, 나 자신도 바뀌고, 그에 따라 나에 대한 모든 것이 바뀌고, 모든 비교 근거가 사라진다. 자연은 인간을 계속 무지하게 만들기 위한 음모를 꾸미고 있는 것처럼 보인다.

아인슈타인이 무대에 등장한다

아인슈타인은 이 에테르를 식별할 수 있는 방법이 없다는 가정에서 출발한다. 에테르를 완전히 무시한다고 가정하면 어떻게 될까?[5]

만약 에테르를 무시한다면 우리는 더 이상 절대적인 기준점을 가질 수 없게 된다. 에테르를 정지된 것으로 간주하면 에테르 내의 모든 물체의 속도는 에테르를 기준으로 삼을 수 있고, 공간의 어떤 지점이든 고정된 점으로 간주할 수 있기 때문이다. 그러나 에테르가 없거나 우리가 무시한다면 우주에 있는 물체의 속도는 어떻게 구할 수 있을까?

상대성이론의 원리

만약 우리가 '관찰의 영역 내에 있는 것들 사이의 인과관계'만을 믿는다면, 관찰은 우리에게 물체가 서로에 대해서만 상대적으로 움직이며, 공간에서 물체의 절대적인 운동이라는 개념은 무의미하다는 것을 알려준다. 따라서 아인슈타인은 절대적인 운동이란 존재하지 않으며, 우리가 논의할 수 있는 것은 오직 다른 물체에 대한 한 물체의 상대적인 운동뿐이라고 가정한다. 이것은 마이컬슨의 이상한 실험 결과를 모든 곳에 있는 에테르의 관점에서 설명하려는 시도만큼이나 마이컬슨의 실험에서 이끌어낸 논리적인 추론이다.

잠시 뉴턴의 체계를 생각해 보자. 이 위대한 선구자는 모든 속도가 측정되는 공간에서의 절대적인 위치 표준을 구상했다. 속도는 거리와 그 거리를 이동하는데 걸린 시간을 나누어 구하는 것으로 측정되었다. 공간은 명확한 실체였고 시간도 마찬가지였다. 뉴턴은 '시간'이 다른 어떤 것과도 무관하게 '균등하게 흐른다'고 말했다. 뉴턴에게 시간과 공간은 혼동할 수 없을 정도로 완전히 다른 개념이었다.

뉴턴은 절대공간을 생각한 것처럼 절대시간도 생각했다. 절

대시간의 기준으로부터 서로 다른 장소에서 일어나는 '사건의 동시성'이라는 개념이 생겨났다. 하지만 이제 기준점이 없으며, 에테르가 존재하지 않거나 작용하지 않고, 두 점 A와 B를 제3의 고정점인 C로 참조할 수 없다면, 어떻게 A와 B에서 일어난 '사건의 동시성'에 대해 이야기할 수 있을까?[6]

실제로 아인슈타인은 모든 운동이 상대적이라고 가정한다면 한 행성에서 1분 걸리는 사건이 다른 행성에서는 1분도 걸리지 않을 수 있다는 것을 보여준다. 우주에 금성과 지구라는 두 천체가 있고 금성에는 관측자 B가, 지구에는 또 다른 관측자 A가 있다고 가정해보자. B는 빛이 B에서 거리 M까지 이동하는 데 걸리는 시간을 기록한다. 지구에 있는 A는 동일한 사건을 관측할 수 있는 수단을 가지고 있다. B는 1분을 기록한다. A는 자신의 시계가 1분을 조금 넘게 기록하기 때문에 당황한다. 이것을 어떻게 설명할 수 있을까?

두 시계가 처음부터 같은 시간을 기록한다고 가정하고, 빛의 속도는 광원과 무관하다는 아인슈타인의 가설을 덧붙이면, 시간의 차이는 금성이 지구의 관찰자를 기준으로 움직인다는 사실 때문이다. 그래서 A는 실제로 BM과 MB의 경로를 측정하는 것이 아니라 BM′과 M′B′를 측정하는데, 여기에서 BB′는 금성 자체가 그 사이에 이동한 거리를 나타낸다. 그리고 여러분이 금성에서 B의 위치에 있다면 상황은 정확히 반대가 된다. 이것은 모두 우주에 있는 한 천체에서의 특정한 시간이 우주에 있는 다른 천체에서는 다른 시간이라는 것을 말하는 또 다른 방법이다. 시간에는 명확한 것이 없다.

코헨 교수*의 예증

다음의 적절한 예증에는 더 많은 당황스러운 가능성들이 명확하게 설명되어 있다.

"길고 지속적인 여행을 떠날 때 일정한 간격으로 집에 편지를 보낸다면, 최상의 우편 서비스를 이용하더라도 편지가 집에 도착하는 간격이 점점 더 길어진다는 사실에 놀랄 필요는 없다. 각 편지는 이전 편지보다 더 먼 거리를 이동해야 하기 때문이다. 만약 여러분이 집에 있는 시계가 똑딱거리는 소리를 들을 수 있는 도구를 갖고 있다면, 집과의 거리가 계속 멀어질수록 연속적으로 똑딱거리는(즉, 초) 사이의 간격이 길어진다는 것을 발견할 것이다. 그래서 만약 여러분이 음속으로 이동한다면 집에 있는 시계는 정지한 것처럼 보일 것이며, 이어지는 똑딱 소리를 듣지 못하게 될 것이다."

---

* Moris Cohen 1880~1947: 러시아계 수학자, 철학자.과학의 대상인 세계는 형태와 물질의 결합이다는 극성 개념을 주장했다.

"음파를 광선으로 대체해도 정확히 같은 현상이 발생한다. 만약 맨눈이나 망원경으로 여러분에게서 멀어져가는 시계를 본다면 그 시계의 분침이 5분의 간격을 이동하는데 여러분이 손에 들고 있는 정밀시계보다 더 긴 시간이 걸린다는 것을 알게 될 것이다. 그리고 만약 시계가 빛의 속도로 이동한다면 그 분침이 영원히 정확하게 같은 위치에 있는 것처럼 보일 것이다. 이것은 시계에만 해당되는 것이 아니라 시계가 측정하는 모든 시간 간격에도 마찬가지이므로, 여러분이 빛의 속도로 지구에서 멀어진다면 지구 위의 모든 것이 마치 캔버스 위에 그려진 것처럼 정지된 것으로 보일 것이다."

시간이 어느 한 위치에서는 멈춰 있고 다른 위치에서는 움직이고 있는 것 같다! 이 모든 것이 터무니없어 보이지만, 시간만으로는 거의 아무런 의미가 없다는 것을 보여준다.

민코프스키의 결론

상대성이론은 우리의 시간 측정 방법을 철저하게 재구성할 것을 요구한다. 그러나 이것은 두 지점 사이의 거리인 공간을 측정하는 우리의 방법과 밀접한 관련이 있다. 논의를 진행하면서 우리는 시간이 없는 공간은 의미가 거의 없으며, 그 반대의 경우도 마찬가지라는 것을 알게 된다. 이를 통해 민코프스키는 '시간 자체와 공간 자체는 그림자에 불과하며, 물리적 세계의 사실을 조정하는 단일하고 나눌 수 없는 방식의 두 가지 측면에 불과하다'는 결론에 도달한다. 아인슈타인은 이 시공간 개념을 상대성이론에 통합했다.

공간에서 한 지점을 측정하는 방법

내가 여러분에게 컬럼비아 대학의 화학실험실이 브로드웨이를 마주보고 있다고 말한다면 실험실의 위치를 특정할 수 있을까? 브로드웨이를 따라 서 있는 건물들은 모두 브로드웨이를 향하고 있기 때문에 특정할 수 없다. 하지만 이 실험실이 브로드웨이와 117번가의 남동쪽에 위치해 있다고 덧붙인다면 의심의 여지가 없을 것이다. 더 나아가 이 실험실이 건물의 일부, 예를 들어 3층을 차지하고 있다고 한다면 위치는 브로드웨이, 117번가 남동쪽, 3층이라고 명명하여 지정될 것이다. 브로드웨이가 길이, 117번가가 너비, 3층이 높이를 나타낸다면 공간에서 위치를 찾기 위해선 3차원이 필요하다는 말이 무엇을 의미하는지 알 수 있다.

4차원

선상의 한 점은 1차원, 벽의 한 점은 2차원, 지상의 화학실험실과 같은 방 안의 한 점은 3차원이 필요하다. 일반인은 4차원의 의미를 파악할 수 없지만 수학자는 4차원을 상상하고 수학 용어로 다룬다. 민코프스키와 아인슈타인은 시간을 4차원으로 상상한다. 이들에게 시간은 길이, 너비, 두께보다 더 중요한 위치를 차지하지 않으며 이 세 가지가 서로 밀접한 관련이 있는 것처럼 시간도 이 세 가지와 밀접한 관련이 있다. 소설가 H. G. 웰스는 소설 《타임머신》에서 주인공이 마치 남쪽과 북쪽으로 이동하듯이 시간을 따라 앞뒤로 여행하는 장면을 통해 이러한 생각을 아름답게 포착했다. 타임머신을 탄 남자가 앞으로 가면 미래로, 뒤로 가면 과거로 돌아간다.

사실 잠시만 생각해보면 4차원이 존재하지 않을 타당한 이유는 없다. 1, 2, 3차원이 있는데 왜 4, 5, 6차원이 왜 없을까? 적어도 이론적으로는 3차원으로 제한해야 할 이유는 없다. 그러나 아인슈타인이 공간과 시간을 가지고 '곡예'를 할 때 그를 따라가기 위해 엄청난 노력이 필요했던 것처럼, 3차원을 넘어서는 차원을 상상하려고 할 때 우리의 정신은 무뎌지고 만다.

우리가 4차원을 상상하는 데 겪는 어려움은 2차원의 존재들이 전형적인 3차원의 존재인 우리를 상상하는데 겪는 어려움에 비유할 수 있다. 2차원의 존재가 지구 표면에 살고 있다고 가정해보자. 그들은 무엇을 볼 수 있을까? 그들은 지표면 아래나 지표면 위에 있는 것은 전혀 볼 수 없을 것이다. 우리가 이리저리 걸어 다니면서 변하는 표면은 볼 수 있을 것이다. 하지만 길이와 너비는 인식하지만 높이는 모르기 때문에 우리가 실제로 어떻게 생겼는지 전혀 알 수가 없을 것이다. 따라서 4차원 공간을 상상하려고 할 우리도 그런 상황을 겪게 된다.

영화에 비유하면 어느 정도 도움을 얻을 수 있다. 모두가 알다시피, 영화는 일련의 사진들로 구성되어 있으며, 이 사진들이 화면에 연속적으로 빠르게 표시된다. 각각의 사진은 그 자체로 공간, 즉 3차원의 감각을 전하지만, 하나의 사진이 다른 사진을 빠르게 따라가면서 4차원의 공간과 시간의 감각을 전달한다. 공간과 시간은 서로 연결되어 있다.

시공간 아이디어는 더욱 발전했다

우리는 이미 우주에서 다른 속도로 움직이는 물체들이 다른 시간 간격을 생성한다는 사실을 언급한 바 있다. 예를 들어, 별 아크투러스(Arcturus : 大角星)는 지구와 비교할 때 초당 200마일의 속도로 움직인다. 우주를 통한 움직임은 지구와 다르다.

로렌츠에 따르면 물체는 운동 방향으로 속도에 비례하여 수축하는데, 아크투러스 표면에서의 수축은 지구에서의 수축과 다를 것이다. 우리의 공간은 아크투러스의 공간이 아니며, 아크투러스의 시간도 우리의 시간이 아니다. 그리고 지구와 아크투러스의 공간과 시간 개념 사이에 존재하는 불일치는 우주에서 서로 다른 속도로 움직이는 다른 두 물체 사이에서도 마찬가지이다.

하지만 우주에서 한 물체의 시공간과 다른 물체의 시공간 사이에는 아무런 관계도 존재하지 않을까? 우주의 모든 물체에 공통적으로 적용되는 것을 찾을 수는 없을까? 찾을 수 있다. 우리는 그것을 수학적으로 표현할 수 있다. 그것은 시간과 공간이 서로 연결되어 있다는 개념이다. 시간이 네 번째 차원이고, 길이, 너비, 두께가 나머지 세 가지 차원이며, 시간이 네 가지 좌표 중 하나이고 나머지 세 좌표와 직각을 이룬다는 개념이다(이것을 시각화하려면 엄청난 상상력을 발휘해야 한다).

이 네 가지 차원은 우주에 있는 모든 물체의 시공간 관계를 조정하기에 충분하며, 따라서 시간과 공간을 서로 독립적으로 사용했을 때 완전히 결여되었던 보편성을 지니고 있다. 우리 시공간을 구성하는 네 가지 요소는 상하, 좌우, 앞뒤 그리고 이전과 이후이다.

공간에서의 '변형'과 '왜곡'

4차원의 단위에는 '세계선'이라는 이름이 붙었는데, 이는 우주에 있는 입자의 '세계선'이 실제로는 우주에서 이동하는 입자의 완전한 역사이기 때문이다. 우리는 입자가 서로 끌어당긴다는 것을 알고 있다. 각 입자가 세계선으로 표현된다면, 이러한 세계선은 그러한 인력으로 인해 궤도에서 벗어나게 된다.

풍선이 우주를 나타내고 그 위에 그려진 선이 세계선을 나타낸다고 상상해보자. 이제 풍선을 꽉 쥐어본다. 세계선은 여러 방향으로 구부러지며 '왜곡'되어 있다. 이것은 중력이 이 세계선에 미치는 영향, 즉 인력의 영향으로 인한 '변형'을 보여준다. 왜곡된 풍선은 실제 세계를 사실적으로 표현한 것이기 때문에 더 많은 것을 보여준다.

아인슈타인의 시간과 공간 개념이 중력에 대한 새로운 관점으로 이어진 방법

우리는 흔히 태양이 지구에 '힘'을 행사한다고 말한다. 그러나 우리는 이 힘이 세계선에 '왜곡' 또는 '변형'을 일으킨다는 것을 보았다. 또는 동일한 의미로 시간과 공간의 '왜곡' 또는 '변형'을 가져온다는 것을 보았다. 태양의 '힘'과 우주에 있는 모든 물체의 '힘'은 중력으로 인한 힘이며, 이러한 힘들은 이제 시간과 공간의 법칙이라는 관점에서 다뤄질 수 있다.

에딩턴 교수는 '지구는 태양이 직접 끌어당기기 때문에 곡선 궤도를 도는 것이 아니라, 태양에서 방출되는 영향으로 뒤엉켜 있는 공간과 시간을 통해 최단경로를 찾으려 하기 때문'[7]이라고 말한다. 바로 이 점에서 뉴턴의 개념은 실패한다. 그의 견해와 법칙에는 공간의 '변형'이 포함되어 있지 않았기 때문이다. 뉴턴의 중력법칙은 이러한 왜곡을 포함하는 법칙으로 대체되어야 한다. 이 새로운 법칙을 우리에게 제공한 것은 아인슈타인의 큰 영광이다.

아인슈타인의 중력 법칙

이것은 모든 요건을 충족하는 유일한 법칙으로 보인다. 뉴턴의 법칙을 포함하며, 우리의 실험이 지구에 국한되어 있고 상대적으로 느린 속도를 다루는 경우에는 이 법칙과 구별할 수 없다. 그러나 우리가 중력이 지구보다 훨씬 더 큰 우주의 궤도로 이동하여, 광속에 필적하는 속도를 다루게 되면 그 차이는 뚜렷해진다.

아인슈타인의 이론, 첫 번째 위대한 승리를 거두다

이번 장의 앞부분에서 아인슈타인의 새로운 중력 이론의 타당성을 시험하기 위해 영국이 파견한 일식탐사대에 대해 언급했었다. 아인슈타인이 이미 한 번의 위대한 승리를 거두었기 때문에 영국 과학자들은 이 이론에 그렇게 많은 시간과 에너지를 소비하지 않았을 것이다. 그 승리는 무엇이었을까?

태양 주위를 공전하는 행성이 하나뿐이라고 상상해 보자. 뉴턴의 중력 법칙에 따르면 행성의 궤도는 타원형이고 행성은 언제까지나 이 궤도를 따라 이동할 것이다. 아인슈타인에 따르면 이 경로 역시 타원형이지만, 공전이 완전히 완료되기 전에 행성은 약간 앞선 선을 따라 시작하여 첫 번째 타원보다 약간 앞선 새로운 타원형을 형성할 것이다. 타원 궤도는 행성이 움직이는 방향으로 천천히 회전한다. 그래서 수세기 후에는 궤도가 전혀 다른 방향으로 바뀔 것이다.

궤도의 방향이 변하는 속도는 행성의 속도에 따라 달라진다. 수성은 초당 30마일의 속도로 움직이며 행성들 중에서 가장 빠르다. 금성과 지구의 궤도는 거의 원형인 반면, 수성의 궤도는 타원이라는 점에서 금성이나 지구보다 관측에 더 유리하다. 원이 어느 방향을 향하고 있는지 어떻게 알 수 있을까?

관측에 따르면 수성의 궤도는 1세기당 574초(호)씩 전진하고 있다. 이 중 얼마나 많은 부분이 다른 행성들의 중력에 영향을 받아 발생한 것인지를 계산할 수 있다. 그것은 한 세기당 532초이다. 그렇다면 나머지 42초는 어떻게 된 것일까?

이러한 차이를 실험 오차의 탓으로 돌리고 싶을 수도 있다. 그러나 모든 가능성을 고려했을 때, 수학자들은 그 차이가 실험 오차보다 30배나 더 크다고 확신한다.

이론과 관측 사이의 이러한 불일치는 아인슈타인이 수수께끼를 풀기 전까지 천문학의 큰 수수께끼들 중의 하나로 남아있었다. 아인슈타인의 이론에 따르면, 행성이 한 번 공전할 때마다 행성의 속도와 빛의 속도의 비율의 세 배에 해당하는 공전의 일부분만큼 궤도가 전진한다는 수학 공식이 성립한다. 수학자들이 이것을 계산했을 때 43이라는 수치가 나오는데, 이것은 42와 동일하다고 할 수 있을 정도로 근접한 수치이다.

또 하나의 승리일까?

아인슈타인의 세 번째 예측, 즉 상당한 질량을 가진 별에서 우리에게 오는 빛의 경우 스펙트럼의 빨간색 끝으로 스펙트럼 선이 이동한다는 예측이 확인되었다.

아인슈타인 교수는 친구에게 편지를 보내 이 사실을 알렸다.

"본의 젊은 물리학자들이 스펙트럼선의 적색 변위를 거의 확실하게(너무도 확실하게) 증명했으며, 이전에 실망스러웠던 근거들을 정리했다."

요약

속도, 즉 공간에서의 운동은 뉴턴의 이론에서 그랬듯이 아인슈타인의 작업에서도 기초가 된다. 그러나 시간과 공간은 더 이상 뉴턴의 방정식을 통해 검토되었을 때와 같이 독립적인 의미를 갖지 않는다. 시간과 공간은 독립적인 것이 아니라 상호의존적이다. 별개의 실체로 취급하면 의미가 없으며, 우주의 한 물체에는 적용될 수 있지만 다른 물체에는 적용되지 않는 결과를 낳는다. 우주 전체에 적용할 수 있는 일반적인 법칙을 얻으려면 역학의 기초는 통합되어야 한다.

아인슈타인의 위대한 업적은 이 수정된 공간과 시간 개념을 적용하여 우주 문제를 해명한 데 있다. 시공간 조합(4차원)으로 구성된 공간에서 입자의 진행을 나타내는 '세계선'은 물체가 서로 끌어당기는 힘(중력)으로 인해 공간에서 '변형'되거나 '왜곡'된다. 반면에 우주에서 그 어떤 것보다 보편적인 중력 자체는 세계선의 변형, 즉 시공간 조합의 변형이라는 측면에서 해석할 수 있다. 이로써 중력은 아인슈타인의 시간과 공간 개념의 영역 안으로 들어오게 된다.

아인슈타인의 우주 개념이 뉴턴의 우주 개념을 개선했다는 것은 아인슈타인의 법칙이 뉴턴의 법칙이 하는 모든 것을 설명한다는 사실과 뉴턴의 법칙이 설명할 수 없는 다른 사실들도 설명한다는 사실에 의해 입증된다. 그중에는 태양 주위를 도는 행성의 타원궤도의 왜곡(수성의 경우 확인된)과 중력장에서의 광선 편차(영국의 일식탐사대에 의해 확인된) 등이 있다.

아인슈타인의 이론과 그로부터 도출되는 추론

매우 설득력 있는 실험들에 의해 뒷받침되는 아인슈타인의 이론은 아마도 철학적 사고와 종교적 사고에 커다란 영향을 미칠 것이다. 하지만 일반 대중에게 즉각적인 영향을 미친다고는 말할 수 없다. 다른 곳에서 말했듯이, 아인슈타인의 이론은 전쟁으로 폐허가 된 유럽에 현실적인 도움이 될 수는 없다.

그러나 어떤 철학 학파에서도 아직 생각해내지 못한 우주에 대한 개념은 모든 국가의 생각하는 사람들의 보편적인 관심을 끌게 될 것이다. 과학자들은 아인슈타인이 물리학과 수학의 다양한 성과를 활용하여 지금까지는 전혀 인식되지 않았던 연결

고리를 보여주는 통합된 시스템을 구축한 방식에 즉시 매료되었다.

철학자는 세부적으로는 매우 복잡하지만 전체적으로 볼 때 디자인의 통일성이라는 독특한 아름다움을 보여주는 이론에 똑같이 매료되었다. 시간과 공간에 대한 혁명적인 아이디어, 물질의 가장 보편적인 속성인 중력이 처음으로 물질의 다른 속성들과 연결되는 놀라운 방식, 그리고 무엇보다도 그의 몇 가지 놀라운 예측에 대한 실험적 확인(항상 과학적 장점의 가장 훌륭한 시험)은 아인슈타인을 때때로 우리에게 저 너머를 엿볼 수 있도록 보내주는 슈퍼맨 중 한 명으로 각인시켰다.

아인슈타인에 대한 몇 가지 사실

알베르트 아인슈타인은 약 45년 전 독일에서 태어났다. 처음에는 베른의 특허청에서 일하다가 나중에 취리히 공과대학의 교수가 되었다. 프라하 대학에 잠시 머물렀던 그는 베를린 대학의 매력적인 '아카데미커(Akademiker)' 교수직(일주일에 한 번 강의하는 것 외에 대학 업무는 거의 없고, 연구를 위한 훌륭한 시설이 갖춰진 교수직) 중 하나를 수락했다. 비슷한 유혹으로 화학 철학자 반트 호프(Van't Hoff)*가 암스테르담을 떠나게 되었고, 스웨덴은 가장 저명한 과학자 아레니우스(Arrhenius)**를 잃을 뻔한 위기에 처했다. 아인슈타인은 30세가 채 되지 않았던 1905년에 상대성이론에 관한 첫 번째 논문을 발표했다. 이 논문에 대해 노벨 물리학상 수상자(1918)인 플랑크(Planck)***는 다음과 같은 의견을 제시했다.

"이 논문은 이전에 사변적인 자연철학, 심지어 철학적 지식 이론에서 제안된 모든 것을 대담하게 뛰어넘는다. 세계의 물리적 개념에 도입된 혁명은 그 범위와 깊이에서 코페르니쿠스 우주 체계만이 비교할 수 있을 정도이다."

아인슈타인은 1916년에 상대성이론에 대한 완전한 설명을 발표했다

1914년부터 1919년까지의 중요한 시기에 아인슈타인은 조용히 자신의 연구에 매진했다. 독일 최고사령부의 방식이 그의 눈

---

* Jacobus van't Hoff 1852~ 1911: 네덜란드의 물리화학자, 유기화학자이며 반응 속도론, 화학평형, 삼투압에 관해 연구한 공로로 1901년 최초의 노벨 화학상을 받았다.
** Svante Arrhenius 1859~1927: 스웨덴의 화학자, 물리학자. 1903년에 전기해리이론을 제창한 공로로 노벨 화학상을 수상했다.
*** Max Planck 1858~1947: 독일의 양자 이론물리학자. 에너지 양자의 발견으로 1918년 노벨 물리학상을 수상.

에는 별로 호의적이지 않았다는 믿음에는 어느 정도 근거가 있는 것 같다. 어쨌든 그는 독일의 목표를 찬양하는 유명한 선언문에 서명한 40명의 교수 중의 한 명도 아니었다.

런던 임페리얼 과학기술대학의 랭킨(O. A.Rankine) 박사는 이렇게 밝혔다.

"우리는 아인슈타인이 전쟁 업무에 종사하지 않았다는 사실을 알고 있다. 독일이 다른 방향에서 어떤 실수를 저질렀든 간에, 독일은 과학자들을 철저하게 내버려 두었다. 사실 그들은 정상적인 직업을 계속 유지하도록 격려받았다. 아인슈타인은 의심할 여지없이 제국정부로부터 많은 지원을 받았고, 독일군이 벨기에 전역으로 밀려나고 있을 때에도 마찬가지였다."

아주 최근(1920년 6월)에 컬럼비아 대학교는 '수학의 응용을 통해 물리학의 기본 개념을 매우 독창적이고 유익하게 발전시킨 공로를 인정하여' 바너드 메달(Barnard Medal)을 그에게 수여했다.

아인슈타인 교수는 이 영예를 인정하면서 버틀러 총장에게, '…… 개인적인 만족과는 별개로, 나는 메달을 수여하기로 한 당신의 결정을 국제적 연대감이 여러 나라의 학자들을 다시 한번 결속시킬 더 나은 시대의 선구자로 간주할 수 있다고 믿습니다.'라는 편지를 보냈다.

주 1 원(이 경우 지평선)은 둘레를 360개 부분으로 나누어 측정하며, 각 부분을 도(度)라고 한다. 각 도는 60분으로 나눠지고, 각 분은 60초로 나눠진다

주 2 상대성원리에 대해 더 깊은 통찰력을 얻고자 하는 독자들을 위해 여기서는 아주 간략하게 설명하기로 하자.

뉴턴과 갈릴레오는 역학에서 상대성 원리를 발전시켰는데, 이는 다음과 같이 설명할 수 있다.

한 기준계가 다른 기준계에 대해 등속 직선 운동을 하고 있다면, 첫 번째 기준계에서 추론된 물리 법칙은 두 번째 기준계에도 그대로 적용된다. 두 기준계는 동등하다. 두 좌표계가 x축을 따라 x′ y′ z′로 표현되고 서로에 대해 x축을 따라 v의 속도로 움직인다면 두 좌표계는 수학적으로 다음과 같이 관련되어 있다.

$$x' = x - vt, y' = y, z' = z, t' = t, \qquad (1)$$

이것은 즉시 한 시스템의 법칙을 다른 시스템의 법칙으로 변환하는 방법을 제공한다.

전기역학(우리가 운동하는 전기라고 부르는)이 발전하면서 (1)형 역학 방정식으로 더 이상 풀 수 없는 난제가 발생했다. 이러한 어려움은 맥스웰이 빛을 전자기적 현상으로 간주해야 한다는 것을 보여주었을 때 더욱 커졌다. 예를 들어 광원이 방출하는 빛의 속도와 관련하여 광원의 운동(태양을 기준으로 한 지구의 운동과 동일할 수 있음)을 조사하고자 한다고 가정할 때(운동계 연구의 전형적인 예), 전기역학적 요소와 기계적 요소를 어떻게 조정할 수 있을까? 또는 다시, 빛과 비슷한 속도로 라듐에서 발사되는 전자의 속도를 조사하고자 한다고 가정할 때, 이 음의 전기 입자의 경로를 추적하는 데 있어 두 가지를 어떻게 조정할 수 있을까?

이러한 어려움들은 뉴턴-갈릴레오 상대성 방정식(1)의 로렌츠-아인슈타인 수정으로 이어졌다. 로렌츠-아인슈타인 방정식은 다음과 같은 형태로 표현된다.

$$x' = \frac{x - vt}{\sqrt{1 - \frac{v^2}{c}}}, y' = y, z' = z, t' = \frac{t - \frac{v}{c^2} \cdot x}{\sqrt{1 - \frac{v^2}{c^2}}}, \quad (2)$$

여기서 c는 진공에서의 빛의 속도(모든 관측에 따르면 관찰자의 운동 상태와 관계없이 동일)를 나타낸다. 여기서 전기역학 시스템이 작용하게 된다.

이를 통해 아인슈타인의 특수상대성이론이 탄생했다. 아인슈타인은 이를 통해 시간과 공간에 대한 놀라운 개념을 추론했다.

주 3　어느 한 계에 있는 물체의 속도(v)는 첫 번째 계에 대해 균일하게 운동하는 다른 계를 참조하면 다른 속도(v')를 갖는다. 무한한 속도를 부여받은 '어떤 것'만이 후자의 운동에 관계없이 모든 시스템에서 동일한 속도를 보일 것이라고 가정했다. 마이컬슨과 몰리의 결과는 실제로 빛의 속도가 가상의 '무한한 속도'의 속성을 보여주는 것으로 나타났다. 빛의 속도는 보편적인 의미를 지니고 있으며, 이는 아인슈타인의 초기 연구 중 많은 부분의 기초가 되었다.

주 4　유클리드는 평행선은 절대 만나지 않는다고 가정하는데, 등거리로 정의하면 당연히 만날 수 없다. 하지만 그런 선이 존재할까? 만약 그렇지 않다면 주어진 선 바깥의 한 점을 통과하는 모든 선은 결국 교차한다고 가정하는 것은 어떨까? 이러한 가정은 모든 선이 구 또는 타원의 표면에 그려지는 것으로 생각하는 기하학으로 이어지며, 그 안에서 삼각형의 세 각의 합은 결코 두 직각의 합과 완전히 같지 않으며, 원의 둘레는 결코 지름의 π배에 달하지도 않는다. 하지만 이것이 바로 운동으로 인한 수축 효과가 정확히 요구하는 것이다. – 워커 박사(Dr. Walker)

주 5　아인슈타인은 가설에 지쳐 있었다. 그는 이 에테르가 우리의 감각 범위 내에 있지 않아 '관찰할 수 없다'는 사실 외에는 에테르 이론에 특별한 이의를 제기하지 않았다.

'접촉에 의한 작용'과 관찰의 영역 내에 있는 것들 사이의 인과 관계만을 결합하여 두 가정을 일관되게 충족시키는 것이 바로 아인슈타인의 연구 방법의 주된 원동력이라고 생각한다.- 프룬들리히(Freundlich) 교수)

주 6 사건의 '동시성'이라는 개념이 의미가 없다는 것은 방정식(2)에서 추론할 수 있다. 우리는 아인슈타인에게 그 증명을 빚지고 있다.

"시간 측정이 공간 측정으로서의 의미와 정확히 동일한 방식으로 물리 법칙에 들어가고(즉, 상징적으로 완전히 동일), 마찬가지로 명확한 좌표 방향을 갖는 방식으로 적절한 시간 좌표를 선택할 수 있다. …… 동시성을 결정하기 위해 실제로 필요한 이동체와 관측자 사이의 연결 수단으로 광 신호를 사용하는 것이 최종 결과, 즉 다른 시스템에서의 시간 측정에 영향을 미칠 수 있다는 것은 누구도 생각하지 못했다."-프룬들리히.

그러나 이는 아인슈타인이 보여준 것처럼 시간 측정은 '사건의 동시성'에 기반하기 때문에 위에서 지적한 바와 같이 의미가 없다.

만약 과거의 대가들이 상대적으로 느린 속도가 아닌 빛의 속도와 같은 엄청난 속도를 연구할 기회가 있었다면, 이론과 실험 사이의 불일치가 명백해졌을 것이다. 심지어 지구가 태양 주위를 도는 속도조차 빛의 속도에 비하면 느리다.

주 7 특수상대성이론이 어떻게 일반상대성이론(중력 포함)으로 이어졌는지 간략하게 추적해 보자.

움직이는 전자 또는 음의 전기 입자에 대해 말할 때, 우리는 움직이는 에너지에 대해 말하는 것이다. 이제 운동 중인 전자는 운동 중인 물질과 매우 유사한 특성을 보인다. 전자가 출현하기 전에는 빛과 비슷한 입자의 속도가 측정된 적이 없는 반면, 전자의 속도는 이미 지적한 바와 같이 빛의 속도와 비슷하기 때문에 어떤 편차가 있든 간에 전자의 속도는 엄청나게 빠르다.

현재의 견해에 따르면 '물질의 모든 관성은 그 안에 잠재된 에너지의 관성으로만 구성되며, …… 우리가 에너지의 관성에 대해 알고 있는 모든 것은 물질의 관성에도 예외 없이 적용된다.'

이제 관성 질량과 중력 '당김'이 동일하다는 가정 하에 물체의 질량은 무게에 의해 결정된다. 물질에 대해 사실인 것은 에너지에 대해서도 사실이어야 한다.

그러나 특수상대성이론은 에너지의 관성(관성 질량)만 고려하고 중력(중력 또는 무게)은 고려하지 않는다. 물체가 에너지를 흡수할 때 방정식 (2)는 관성은 증가하지만 무게는 증가하지 않는 것으로 기록되는데, 이는 역학의 기본 사실 중 하나에 반하는 것이다.

이것은 중력 현상을 포함하는 보다 일반적인 상대성이론이 필요하다는 것을 의미한다. 그래서 아인슈타인의 일반상대성이론이 탄생했다. 따라서 중력의 영향을 받는 물체의 운동을 포함하는 미분방정식을 설정하는 것이 목표이다. 이 미분 법칙은 그것이 참조되는 좌표계와 관계없이 항상 동일한 형태를 유지해야 하므로 어떤 좌표계도 다른 좌표계보다 우선하지 않는다.

시간, 공간 그리고 중력
알베르트 아인슈타인

상대성이론에 관한 글을 써달라는 귀사 특파원의 요청
에 답변하게 된 것을 기쁘게 생각합니다.

과거에 과학자들 사이에 있었던 국제적 관계가 애석하
게 단절된 이후로, 영국의 천문학자와 물리학자들과 소
통할 수 있게 된 이 기회를 기쁘고 감사한 마음으로 받아
들입니다.

영국의 과학자들이 전쟁의 와중에 적국(敵國)에서 완성
되어 출판된 이론을 시험하기 위해 그들의 시간과 노력을
기울이고, 영국의 기관들이 물질적 수단을 제공했던 것
은 영국 과학의 높고 자랑스러운 전통에 따른 것이었습니
다. 태양의 중력장이 광선에 미치는 영향을 조사하는 것

은 오롯이 객관적인 문제이지만, 그럼에도 나는 이 과학 분야에 종사하는 영국의 동료들에게 개인적인 감사를 표하게 되어 매우 기쁩니다. 그들의 도움이 없었다면 나의 이론에서 가장 중요한 추론의 증거를 얻지 못했을 것이기 때문입니다.

......

물리학에는 여러 가지 이론이 존재한다. 대부분은 '구성적'이며, 복잡한 현상을 비교적 간단한 명제로부터 설명하려고 시도한다. 예를 들어, 기체의 분자운동이론은 기체의 역학적, 열적, 확산적 특성을 분자운동과 연결하여 설명하려고 한다. 우리가 일련의 자연 현상을 이해했다고 말할 때, 그것은 이러한 현상들을 포괄하는 구성적인 이론(constructive theory)을 찾았다는 것을 의미한다.

하지만 이처럼 가장 비중 있는 이론들 외에도 내가 원리이론(theories of principle)이라고 부르는 또 다른 이론 집단

이 있다. 이 이론들은 종합적인 방법이 아니라 분석적인 방법을 사용한다. 이들의 출발점과 토대는 가상적인 구성요소가 아니라 경험적으로 관찰된 현상의 일반적인 속성, 즉 그로부터 수학 공식이 추론되어 나타나는 모든 경우에 적용되는 원리이다. 예를 들어, 열역학은 일반적인 경험에서는 영구운동이 결코 일어나지 않는다는 사실에서 출발하여 분석 과정을 통해 모든 경우에 적용하게 될 이론을 추론하려고 시도한다. 구성이론의 장점은 포괄성, 적응성, 명확성이며 원리이론의 장점은 논리적 완벽성과 기초의 안정성에 있다.

상대성이론은 원리이론이다. 상대성이론을 이해하기 위해서는 그것이 기초하고 있는 원리를 파악해야 한다. 그러나 이것들을 말하기 전에 상대성이론은 특수상대성이론과 일반상대성이론이라는 두 개의 분리된 층이 있는 집과 같다는 것을 밝혀둘 필요가 있다.

고대 그리스 시대부터 물체의 운동을 설명할 때 다른 물체를 참조해야 한다는 것은 잘 알려져 있다. 철도 열차의 운동은 지면을 기준으로, 행성의 운동은 눈에 보이는 고정된 별들의 전체 집합을 기준으로 설명한다.

물리학에서는 공간적으로 운동을 참조하는 대상을 좌표계라고 한다. 갈릴레오와 뉴턴의 역학법칙은 좌표계를 사용해야만 공식화될 수 있다. 역학법칙이 성립되려면 좌표계의 운동 상태를 임의로 선택할 수 없다(뒤틀림과 가속도가 없어야 한다).

역학에서 사용되는 좌표계는 관성계라고 한다. 역학에 관한 한 관성계의 운동 상태는 본질적으로 한 가지 조건에 제한되지 않는다. 다음과 같은 명제의 조건은 충분하다. 즉, 관성계와 같은 방향으로 그리고 같은 속도로 움직이는 좌표계는 그 자체가 관성계이다. 따라서 특수상대성이론은 모든 자연 과정에 다음과 같은 명제를 적용한 것이다. 즉, K와 K'가 균일한 병진운동을 한다면, '좌표계 K에 대해 적용되는 모든 자연법칙은 다른 어떤 계의 K'에도 적용되어야 한다.'

특수상대성이론에 기초한 두 번째 원리는 진공 속에서

빛의 속도가 일정하다는 것이다. 진공 속의 빛은 광원의 속도와 무관하게 한정되고 일정한 속도를 갖는다. 물리학자들은 전기역학의 맥스웰−로렌츠 이론 덕분에 이 명제에 대한 자신감을 갖게 되었다.

앞에서 언급한 두 가지 원리는 실험적으로는 강력한 확인을 받았지만 논리적으로는 양립할 수 없는 것 같다. 특수상대성이론은 운동학, 즉 공간과 시간의 물리법칙 이론에 변화를 줌으로써 논리적인 조화를 이루어냈다. 두 사건의 일치에 대한 진술은 오직 좌표계와 관련해서만 의미를 가질 수 있으며, 물체의 질량과 시계의 운동 속도는 좌표에 대한 운동 상태에 따라 달라져야만 한다는 것이 분명해졌다.

하지만 갈릴레오와 뉴턴의 운동법칙을 포함한 기존의 물리학은 내가 제시한 상대론적 동역학과 충돌했다. 후자는 자연법칙이 두 가지 기본원리와 양립하기 위해 충족해야 하는 일반화된 수학적 조건에 기반을 두었다. 물리학은 수정되어야 했다. 가장 주목할 만한 변화는 (매우 빠르게) 움직이는 질량점들에 대한 새로운 운동법칙이었고, 이것은 곧 전기적으로 부하가 있는 입자들의 경우에 검증되었다. 특수상대성 체계의 가장 중요한 결과는 물질계의 관성 질량과 관련이 있다. 그러한 체계의 관성은 에너지의 양에 의존해야 한다는 것이 명확해졌고, 그래서 우리는 관성 질량이 단지 잠재 에너지에 불과하다고 생각하게 되었다. 질량 보존 이론은 독립성을 잃고 에너지 보존 이론에 병합되었다.

맥스웰과 로렌츠의 전기역학을 단순히 체계적으로 확장시킨 특수상대성이론은 그 자체를 넘어서는 결과를 낳았다. 좌표계에 대한 물리법칙들의 독립성은 서로에 대해 균일한 병진운동을 하는 좌표계들로 제한되어야만 하는가? 우리가 제안하는 좌표계들은 그것들의 운동들과 본질적으로 어떤 관계가 있는가? 자연에 대한 우리의 설명에 우리가 임의로 선택한 좌표계들을 사용하는 것이 필요할지 모르지만, 그들의 운동 상태에 관한 한 선택은 어떤 식으로든 제한되어서는 안 된다.

일반상대성이론 이 일반상대성이론의 적용은 널리 알려진 실험과 상충되는 것으로 밝혀졌는데, 그 실험에 따르면 물체의 무게와 관성은 동일한 상수(관성 질량과 무거운 질량의 동일성)에 의존하는 것으로 나타났다. 뉴턴의 의미에서 관성계에 비해 안정적인 회전을 하고 있다고 생각되는 좌표계의 경우를 생각해 보자.

이 체계에 비해 상대적으로 원심력인 힘은 뉴턴적 의미에서 관성에 기인해야만 한다. 그러나 이러한 원심력은 중력과 마찬가지로 물체의 질량에 비례한다. 그렇다면 좌표계를 정지 상태로, 원심력을 중력으로 간주하는 것은 가능하지 않을까? 해석은 명확해 보였으나 고전역학에서는 이를 금지했다.

이 약간의 스케치는 일반화된 상대성이론이 중력의 법칙을 포함해야 한다는 것을 보여주며, 실제로 그 개념을 추구한 결과 그런 희망은 정당화되었다.

그러나 그 방법은 유클리드 기하학과 모순되기 때문에 예상보다 어려웠다. 다시 말해, 물질체가 공간에 배치되

는 법칙은 유클리드의 고체 기하학이 규정한 공간의 법칙
과 정확히 일치하지 않는다. 이것이 바로 '공간의 뒤틀림'
이라는 말이 의미하는 것이다. 따라서 물리학에서는 '직
선', '평면' 등의 기본개념들이 정확한 의미를 잃게 된다.

　일반상대성이론에서 공간과 시간에 대한 이론인 운동
학은 더 이상 일반 물리학의 절대적인 토대 중 하나가 아
니다. 물체의 기하학적 상태와 시계의 속도는 우선적으
로 중력장에 의존하고, 이것은 다시 관련된 물질계에 의
해 만들어진다.

　따라서 새로운 중력이론은 기본 원리와 관련하여 뉴턴
의 이론과 크게 다르다.

　그러나 실제 적용에서 두 이론은 너무나 밀접하게 일
치하고 있어서, 실제 차이가 관찰 대상이 될 만한 사례를
발견하기 어려웠다. 아직까지는 다음 사항만이 제시되었
다.

1. 태양 주위를 도는 행성들의 타원 궤도의 왜곡(수성의 경우 확인됨).
2. 중력장에서 광선의 편차(영국 일식탐사대에 의해 확인됨).
3. 질량이 큰 별에서 우리에게 오는 빛의 경우 스펙트럼선이 스펙트럼의 붉은 끝을 향해 이동하는 것(아직 확인되지 않음).

이 이론의 가장 큰 매력은 논리적인 일관성이다. 이것으로부터 어떤 추론이라도 증명될 수 없다면, 포기되어야만 한다. 이 이론의 수정은 전체의 파괴 없이는 불가능해 보인다.

아무도 뉴턴의 위대한 창조물이 이것이나 다른 어떤 이론에 의해서도 진정한 의미에서 전복될 수 있다고 생각해서는 안 된다. 그의 명료하고 폭넓은 아이디어는 현대 물리학의 개념이 세워진 토대로서의 중요성을 영원히 간직할 것이다.

마지막 한마디

〈타임스〉에 실린 나와 나의 상황에 대한 묘사는 필자의 재미있는 상상력을 보여준다. 독자들의 취향에 상대성이론을 적용하여, 오늘날 독일에서는 나를 독일 과학자라 부르고, 영국에서는 스위스계 유대인이라고 묘사한다. 만약 내가 싫어하는 인물이 된다면, 이 묘사는 반대로 바뀌어, 독일인들에게는 스위스계 유대인이 될 것이고, 영국인들에게는 독일 과학자가 될 것이다!

아인슈타인의 중력 법칙

J. S. 에임스(존스 홉킨스 대학 교수)

맥스웰의 전자기장 방정식을 다루는 과정에서 몇몇 연구자들은 균일한 속도로 움직이는 시스템에 적용할 방정식의 형태를 추론하는 것이 중요하다는 것을 깨달았다. 이러한 연구의 한 가지 목적은 방정식의 수학적 형태가 변하지 않도록 하는 변환 공식의 집합을 결정하는 것이었다. (이동 시스템에 적용되는) 새로운 공간 좌표와 원래 집합 사이의 필요한 관계는 물론 명확했으며, 간단한 방법을 통해 시간 좌표를 대체할 새로운 변수를 추론할 수 있었다.

이 단계는 로렌츠는 물론 라모르, 보이그트도 수행했던 것으로 알고 있다. 이 연구자들의 수학적 추론과 응용은 매우 아름다웠으며 아마 여러분들 모두에게 잘 알려져 있을 것이다.

이 주제를 다룬 로렌츠의 논문은 1904년 암스테르담 학술원의 회보에 실렸다. 그 다음 해에는 로렌츠의 연구에 대해 전혀 모른 채 작성된 아인슈타인의 논문이 〈물리학 연보(Annalen der Physik)〉에 게재되었다. 이 논문에서 그는 로렌츠와 동일한 변환 방정식에 도달했지만 완전히 다른, 근본적으로 새로운 해석을 내놓았다.

아인슈타인은 자신의 논문에서 일반적으로 언급되고 사용되는 시간과 공간의 개념이 명확하지 않다는 점에 주목했다. 그는 길이나 시간 간격을 정확하게 말하기 전에 필요한 정의와 가정을 명확하게 분석했다. 그는 측정막대의 '실제' 길이나 시간의 '실제' 지속 시간에 대해 말하는 것의 타당성을 영원히 폐기했으며, 실제로 우리가 길이나 시간 간격에 부여하는 수치가 우리가 채택하는 정의와 가정에 따라 달라진다는 것을 보여주었다.

'절대적인' 공간이나 시간 간격이라는 말은 의미가 없

다. 그 의미를 설명하기 위해 아인슈타인은 측정막대가 길이의 방향으로 균일한 속도로 움직일 때 그 길이를 측정하는 두 가지 가능한 방법을 논의했다. 즉, 길이의 척도를 채택한 후, 해당 막대의 길이에 숫자를 할당하는 두 가지 방법이다.

한 가지 방법은 관찰자가 막대와 함께 움직인다고 가정하고, 길이를 따라 측정도구를 적용하여 막대 끝의 위치를 읽는 것이다. 또 다른 방법은 막대가 움직이는 기준이 되는 물체 위에 두 명의 관찰자를 고정시키고, 그렇게 막대의 운동 방향을 따라 배치된 각각의 관찰자들은 서로 다른 위치에서 막대의 양 끝점을 관찰한다. 막대가 지나갈 때 관찰자들은 동시에 막대의 양 끝점이 측정도구의 어느 위치에 있는지를 기록하는 것이다.

아인슈타인은 지금은 방어할 필요가 없는 두 가지 가정을 받아들이면 두 가지 측정 방법이 서로 다른 수치로 이어질 것이며, 게다가 막대의 속도가 증가함에 따라 두 결과의 차이가 커진다는 것을 보여주었다. 따라서 움직이는 막대의 길이에 숫자를 할당할 때 측정에 사용할 방법을 선택해야만 한다. 바람직한 방법은 분명 관찰자가 측정도구를 들고 막대와 함께 이동하는 것이다. 이렇게 하면 공간의 관계를 측정하는 문제가 해결된다.

다른 날에 막대의 길이를 측정하거나 막대가 다른 위치에 놓여 있을 때 항상 동일한 값을 얻는다는 관측 사실은 막대의 '실제' 길이에 관한 정보를 제공하지 않는다. 길이는 변경되었을 수도 있고 그렇지 않았을 수도 있다. 막대의 길이를 측정하는 것은 단순히 막대와 임의의 표준(예: 미터자 또는 야드자)을 비교하는 과정이라는 점을 항상 기억해야 한다.

엄밀히 말해, 시간 간격에 숫자를 할당하는 문제와 관련해 우리는 그러한 간격을 '측정'하지 않는다는 것을 명심해야 한다. 즉 시간의 단위 간격을 선택하여 그것이 해당 간격에 몇 번 포함되는지 찾는 것이 아니다.(마찬가지로, 우리는 소리의 높낮이나 방의 온도를 '측정'하지 않는다.) 시간 간격에 숫자를 할당하는 우리의 실용적인 도구는 진자가 완벽하게 균일한 방식으로 흔들리며 각 진동이 다음 진동과 똑같은 시간을 갖는다고 믿는데 의존한다. 물론 이것이 사실이라는 것을 증명할 수는 없으며, 엄밀히 말해 동일한 시간 간격이 무엇을 의미하는지에 대한 정의일 뿐이며 특별히 좋은 정의도 아니다. 그 한계는 충분히 명확하다.

가장 좋은 방법은 균일한 속도의 개념을 검토한 다음, 균일한 속도를 지닌 어떤 실체(entity)라는 개념을 사용하여 그 실체가 동일한 길이를 횡단하는데 필요한 간격을 동일한 시간 간격으로 정의하는 것이다. 우리는 이미 이것을 정의했다. 추가로 필요한 것은 균일한 속도의 정의를 제공하는 움직이는 어떤 실체를 채택하는 것이다.

우리가 알고 있는 우주를 고려할 때 균일한 속도를 정의하기 위해 빛의 속도를 선택해야 한다는 것은 자명하다. 우주의 어디에서나 관찰자가 이것을 선택할 수 있기 때문이다. 이제 '등속도(等速度, uniform velocity)'라는 단어로 빛의 속도를 설명하기로 합의했으니, 균일한 시간 간격에 대한 정의가 완성되었다. 물론 이것은 빛의 속도가 광원에 관계없이 우주의 어느 한 지점에서 어떤 관찰자에게도 항상 같은 값을 갖는다는 사실에 불확실성이 없다는 것을 의미한다. 즉, 이것이 사실이라는 가정이 우리가 내리는 정의의 기초가 된다. 이 방법에 따라 아인슈타인은 공간과 시간의 간격을 모두 측정하는 체계를 개발했다.

사실 그의 체계는 지구에서 일어나는 사건과 관련하여 우리가 일상생활에서 사용하는 것과 동일하다. 예를 들어, 지구에서 막대의 길이를 측정한 다음 그 막대와 측정 도구를 화성, 태양 또는 아크투러스에 가져갈 수 있다면 모든 장소와 시간에 동일한 길이의 수치를 얻을 수 있다는 것을 보여주었다. 이것은 막대의 길이가 변하지 않았는지 여부에 대한 어떤 진술도 암시하는 것이 아니며, 그러한 말은 의미가 없다.

우리는 실제 길이에 대해 말할 수 없다는 것을 기억해야 한다. 따라서 지구에 사는 관찰자는 공간과 시간 간격을 표현할 수 있는 명확한 단위 체계, 즉 명확한 공간 좌표계(x, y, z)와 명확한 시간 좌표(t)를 갖게 될 것이며, 마찬가지로 화성에 사는 관찰자도 자신만의 좌표계(x', y', z', t')를 갖게 될 것임이 분명하다.

한 관측자가 다른 관측자에 대해 균일한 속도를 가지고 있다면, 두 좌표계 사이의 수학적 관계를 추론하는 것은 비교적 간단한 문제이다. 아인슈타인은 이 작업을 수행하면서 로렌츠가 맥스웰 방정식을 전개할 때 사용했던 것과 동일한 변환 공식에 도달했다. 로렌츠는 이러한 공식을 사용하여 모든 전자기 현상에 대한 법칙이 동일한 형태를 유지한다는 것을 보여주었다. 따라서 아인슈타인의 방법은, 두 관측자의 상대속도가 균일하기만 하다면, 우주 어디에서든 한 관측자의 전자기 현상에 대한 연구 결과는 다른 관측자와 동일한 수학적 진술에 도달할 수 있음을 증명했다.

이 시기에 아인슈타인은 다른 많은 중요한 질문들에 대해서도 논의했지만, 현재의 주제와 관련하여 언급할 필요는 없을 것이다. 여기에서 주목해야 할 중요한 다음 단계는 1908년 '공간과 시간'을 주제로 한 민코프스키의 유명한 연설에서 제시된 것이다. 민코프스키가 발전시킨 개념의 중요성은 아무리 강조해도 지나치지 않다. 이 연설은 물리학 철학의 새로운 시대를 열었다.

그의 생각을 자세히 설명하는 대신 몇 가지 일반적인 진술만을 전달하기로 하자. 그의 관점과 주제의 전개 방식은 로렌츠나 아인슈타인의 그것과는 완전히 다르지만, 결국 동일한 변환 공식을 사용한다. 그의 가장 큰 공헌은 그것들의 의미에 대한 새로운 기하학적 그림을 우리에게 제공했다는 것이다. 감각의 제한 때문에 우리에게 그림은 결코 3차원 이상이 될 수 없지만 그의 그림은 4차원의 인식을 요구하기 때문에 민코프스키의 전개를 그림이라고 부르는 것은 공정하지 않다.

민코프스키의 작업에 대한 대중적인 논의조차 불가능하게 만드는 것은 바로 이런 사실 때문이다. 우리가 어떤 사건을 설명하려면 네 가지 좌표에 대한 지식이 필요하다는 것을 알 수 있다. 세 가지는 공간을 위한 것이고, 한 가지는 시간을 위한 것이다.

그러면 네 가지 차원의 한 점으로 완전한 그림을 그릴 수 있다. 우리는 특정 시간을 제외하고는 어떤 사건을 관찰할 수 없고, 공간을 기준으로 하지 않고는 어떤 순간도 관찰할 수 없기 때문에 네 가지 좌표가 모두 필요하다. 전자기 현상의 법칙을 논의하면서 민코프스키는 4차원 공간에서 축의 적절한 정의를 통해 로렌츠와 아인슈타인의 수학적 변환을 축들의 회전으로 설명할 수 있다는 것을 보여주었다. 우리는 모두 한 점의 위치를 설명하는 일반적인 데카르트좌표계의 회전에 익숙하다.

우리는 일반적으로 지구상의 어느 위치에서나 수직, 동서, 남북의 축을 선택한다. 따라서 한 실험실에서 다른 실험실로 이동하면 축이 바뀌는데, 축은 항상 직교하지만 장소를 이동할 때는 회전이 일어난다. 마찬가지로 민코프스키는 아인슈타인이 설명한 대로 시공간의 간격을 측정하는 방법을 사용하여 지구상의 어느 지점에서든 4개의 직교축을 선택하여 시공간의 점을 나타내는 경우, 아크투러스에 있는 관찰자가 비슷한 축 집합과 측정 방법을 사용한다면, 그의 축 집합은 순수한 회전(그리고 자연스럽게 원점의 이동)에 의해 지구에 있는 관찰자의 축 집합에서 얻을 수 있음을 보여주었다.

이것은 아름다운 기하학적 결과이다. 이 방법에 대한 설명을 마치기 위해 네 번째 축으로 시간의 수치가 배치된 축을 사용하는 대신, 민코프스키는 네 번째 좌표를 시간과 허수 상수인 음의 제곱근의 곱으로 정의했다는 것을 덧붙여야 한다. 이러한 허수의 도입은 어려움을 초래할 것으로 예상되지만, 실제로는 방금 설명한 축 집합의 회전에 대한 기하학적 설명의 단순성이 본질이다. 따라서 우주의 다른 지점에 위치한 다른 관찰자들은 각각 고유한 축 집합을 갖게 되지만, 모든 축 집합은 서로 일치하도록 회전할 수 있다는 사실로 연결되어 있음을 알 수 있다.

이는 4차원 공간에서 모든 관찰자에게 시간에 해당하는 방향은 하나도 없다는 것을 의미한다. 지구를 기준으로 할 때 지구상의 모든 관찰자에게 수직이라고 할 수 있는 방향이 없는 것과 같다. '위아래', '이전과 이후', '조만간'이라는 단어는 절대적인 의미에서 완전히 무의미하다.

민코프스키의 이러한 개념은 다음과 같은 사고과정을 통해 더 명확해질 수 있다. 3차원 공간을 단면으로 자르면 평면, 즉 2차원 공간이 생긴다. 마찬가지로 4차원 공간을 통해 단면을 만들면 3차원 중 하나를 얻게 된다. 따라서 지구에 있는 관찰자에게는 민코프스키의 4차원 공간의 특정 단면이 우리의 일반적인 3차원 공간을 제공할 것이다. 그래서 이 단면은 민코프스키의 공간을 우리의 공간으로 분할하고 우리에게 일반적인 시간을 제공한다. 마찬가지로 아크투러스에 있는 관찰자에게는 다른 단면을 사용해야 하지만, 적절한 선택을 통해 자신만의 익숙한 3차원 공간과 시간을 얻게 될 것이다.

따라서 민코프스키가 정의한 공간은 측정된 길이와 시간에 대해 완전히 등방성이다. 절대적인 의미에서 두 방향 사이에는 차이가 전혀 없다. 물론 특정 관찰자에게는 특정 단면이 그의 측정 습관에 맞게 공간을 분리시킬 것이다. 그러나 임의로 선택된 모든 단면은 어딘가의 어떤 관찰자에게 동일한 일을 할 것이다. 로렌츠와 아인슈타인의 관점에서 보면, 이 4차원 공간은 등방성이므로 전자기 현상 법칙의 표현은 어떤 관찰자가 표현해도 동일한 수학적 형태를 취한다는 것이 분명하다.

물론 우리가 아는 한 전자기적 기원이 없는 현상에 대해 어떻게 말할 수 있는지에 대한 의문이 제기되어야 한다. 특히 중력 현상과 관련하여 무엇을 할 수 있을까? 그러나 아인슈타인이 이 문제를 어떻게 공략했는지 보여주기 전에, 그리고 내 강연의 주제가 아인슈타인의 중력 연구라는 사실은 궁극적으로 이것을 설명해야 한다는 것을 보여줄 것이므로, 민코프스키 기하학의 또 다른 특징을 강조해야 한다. 어떤 사건의 시공간적 특성을 설명하기 위해서는 네 개의 좌표로 정의된 점 하나면 충분하다. 따라서 물질 입자, 광파 등 어떤 실체의 생애사(life-history)를 관찰하면 시공간 연속체에서 점들의 순서를 관찰하게 된다. 즉 어떤 실체의 생애사는 이 공간에서 선으로 완전히 설명된다.

민코프스키는 이러한 선을 '세계선(world-line)'이라고 불렀다. 또한 다른 관점에서 보면 자연에 대한 우리의 모든 관찰은 실제로는 우연의 일치에 대한 관찰이다. 예를 들어 온도계를 읽는 경우, 수은주의 끝이 온도계 튜브의 특정 눈금과 일치하는 것을 주목하는 것이다. 즉, 수은주 끝의 세계선과 눈금의 세계선을 생각하면 우리가 관찰한 것은 이 선들의 교차점이거나 횡단점이다.

비슷한 방식으로 모든 관찰을 분석할 수 있다. 광선, 눈의 망막에 있는 점 등이 모두 세계선을 가지고 있다는 것을 기억하면 모든 관찰은 세계선의 교차점에 대한 인식이라고 말하는 것이 완벽하게 정확한 진술임을 알게 된다. 또한, 우리가 세계선에 대해 아는 것은 모두 관찰의 결과이므로, 세계선을 연속적인 일련의 점으로 아는 것이 아니라 단순히 불연속적인 일련의 점으로 알고 있다는 것이 분명하다. 각각의 점은 해당 세계선이 다른 세계선과 교차하는 곳이다.

또한, 세계선을 설명하기 위해 민코프스키가 채택한 특정한 4개의 직교축 집합에 국한되지 않는다는 점도 분명하다. 우리는 원하는 모든 4차원 축 집합을 선택할 수 있다. 두 점의 일치에 대한 수학적 표현은 기준축의 선택과 절대적으로 무관하다는 것도 분명하다. 축을 변경하면 두 점의 좌표가 동시에 변경되므로 축의 문제는 더 이상 관심의 대상이 되지 않는다.

그러나 소위 자연의 법칙이라고 부르는 것은 우리가 관찰한 것을 수학적 언어로 설명한 것에 불과하다. 우리는 우연의 일치만을 관찰한다. 우연의 연속을 수학적 용어로 표현하면 기준 축의 선택과 무관한 형태를 취한다.

따라서 자연법칙의 수학적 표현은 축을 변형해도 그 형태가 변하지 않아야 한다. 이것은 단순하지만 파급효과가 큰 추론이다.

기준축의 변화, 즉 수학적 변환의 효과를 묘사하는 기하학적 방법이 있다. 기차 객차에 탄 사람에게는 물방울의 경로가 수직으로 보이지 않으며, 즉 창틀과 평행하지 않다. 비행기에서 조종하는 사람에게는 더더욱 수직으로 보이지 않는다. 이것은 지구에 고정된 축을 기준으로 하면 낙하 물방울의 경로가 수직이지만 다른 축을 기준으로 하면 그렇지 않다는 것을 의미한다. 또는 일반적인 언어로 결론을 말하자면, 기준 축을 변경하면(또는 수학적 변환을 적용하면) 일반적으로 모든 선의 모양이 변경된다.

선이 공간의 일부를 형성한다고 상상해 보면, 공간이 압축 또는 팽창에 의해 변형되면서 선의 모양이 변하는 것은 분명하며, 충분한 주의를 기울이면 공간을 변형함으로써 선이 원하는 모양, 더 정확히 표현하자면 이전의 축의 변경에 의해 선이 지정된 모든 모양을 취하도록

하는 것이 가능하다는 것을 알 수 있다. 그러므로 수학적 변환을 공간의 변형으로 나타낼 수 있다. 따라서 종이나 고무 위에 선을 그리고 그 선을 구부리고 늘리면 선이 매우 다양한 모양을 취하게 할 수 있으며, 이러한 새로운 모양은 각각 적절한 변환의 그림이다.

이제 4차원 공간에서 세계선을 생각해보자. 우리가 가진 모든 지식의 완전한 기록은 이러한 선들이 교차하는 일련의 순서이다. 비유적으로 말하자면, 평범한 공간에서 고무판에 수많은 교차선을 그릴 수 있다. 그런 다음 마음대로 고무판을 구부리고 변형할 수 있다. 그렇게 해도 새로운 교차점을 만들거나 교차하는 순서를 조금도 바꾸지 않는다. 따라서 우리의 세계선 공간에서는 새로운 교차점을 도입하거나 기존 교차점의 순서를 변경하지 않고 상상할 수 있는 모든 방식으로든 공간을 변형할 수 있다. 이 순서는 이른바 실험법칙의 수학적 표현을 제공한다. 공간의 변형은 수학적으로 축의 변형과 동일하므로, 모든 축의 집합을 참조할 때 법칙의 형태가 왜 동일해야

하는지, 즉 수학적 변형에 의해 변경되지 않아야 하는지
그 이유를 알 수 있다.

이제, 마침내 중력에 도착했다. 우리는 외부의 힘이 작
용하지 않는 물질입자보다 더 단순한 세계선을 상상할 수
없으므로 이를 '직선'이라고 부를 것이다. 경험에 따르면
두 개의 물질입자는 서로 끌어당긴다. 세계선으로 표현
하자면, 고립된 두 입자의 세계선이 서로 가까워지면 선
은 직선이 아니라 서로를 향해 휘어지거나 구부러질 것이
다. 따라서 한 입자의 세계선은 변형된다. 그리고 우리는
앞에서 이런 변형이 수학적 변형과 동일하다는 것을 확인
했다. 다시 말해, 어떤 한 입자에 대해서든 중력장의 효
과를 수학적 축의 변형으로 어느 순간에나 대체할 수 있
다. 이것이 모든 입자에 대해 모든 순간에 항상 가능하다
는 것이 아인슈타인의 유명한 '등가원리'이다.

여기에서 잠시 세계선의 교차점은 아니겠지만 매우 흥

미로운 우연의 일치에 주목해보기로 하자. 뉴턴은 자신의 머리에 떨어진 사과를 통해 중력 현상에 생각을 집중하게 되었다고 한다. 이 놀라운 사건은 자연스럽게 중력의 보편성에 대한 고찰로 이어졌다. 아인슈타인은 자신의 중력 법칙을 발전시키는 과정에서 겪었던 자신의 정신적 과정을 설명하면서, 높은 건물에서 떨어지는 사람을 목격한 것이 새로운 관점에 주목하게 된 계기라고 했다.

다행히도 그 남자는 심각한 부상을 입지 않았고, 떨어지는 동안 몸이 아래로 끌어당겨지는 것을 전혀 의식하지 못했다고 아인슈타인에게 말했다. 수학적 언어로 말하자면, 남성과 함께 움직이는 축을 기준으로 중력의 힘이 사라진 것이다.

이것은 축이 지구 자체에서 사람으로 이동함으로써 중력장의 힘이 무효화되는 경우이다. 떨어지는 사람에서 지구상의 한 지점으로 축이 반대로 바뀌는 것은 운동 방정식에 중력을 반영한 것으로 간주할 수 있다.

축의 변화를 통해 방정식에 힘을 도입하는 또 다른 예

로는 축을 중심으로 균일하게 회전하는 물체의 일반적인 처리를 들 수 있다. 원추형 진자를 예로 들어보자. 고정된 점에 매달린 추가 원뿔을 그리며 회전하는 운동을 하는 경우, 지구에서 축을 옮겨 고정점을 통과하는 수직선 주위에서 추와 같은 각속도로 회전시키면 운동방정식에 원심력이라는 가상의 '힘'을 도입해야 한다.

이 힘은 단순한 처리를 위해 방정식에 도입된 수학적 양으로만 생각할 뿐, 물리적인 의미는 부여하지 않는다. 원심력처럼 물질의 성질과 무관한 소위 다른 '힘'이 왜 존재해야 할까? 다시 말하지만, 지구상에서 우리가 느끼는 무게감은 원심력과 중력에 대한 표현을 결합하여 수학적으로 해석할 뿐, 둘을 따로 분리하여 뚜렷하게 느끼지는 않는다. 그렇다면 이 두 가지의 본질에 차이가 있는 이유는 무엇일까? 두 가지 다 수학적 변환의 작용에 의해 우리의 방정식으로 가져온 것으로 생각하면 어떨까? 이것이 바로 아인슈타인의 관점이다.

따라서 등가원리를 인정하면 중력장이 사라지는 어느 지점에서든 축을 선택할 수 있으며, 이러한 축은 에딩턴이 갈릴레이 유형*이라고 부르는 가장 단순한 축이다. 상자 또는 칸막이 안에 있는 관찰자가 그 지점에서 중력장의 가속도로 떨어지고 있다고 생각해보자. 그는 중력장을 의식하지 못할 것이다. 이 칸막이에서 발사된 발사체가 있다면, 관찰자는 그 경로가 직선이라고 설명할 것이다. 수학적 변환, 즉 다른 축 집합을 사용하면 이 간격은 분명히 다음과 같은 형식을 취하게 된다.

$$ds^2 = dx_1^2 + dx2_2 + dx_3^2 + dx2_4,$$

여기서 ds는 간격이고 x₁, x₂, x₃, x₄는 좌표이다. 수학적 변환, 즉 다른 축 집합을 사용하면 이 간격은 분명히

* 갈릴레이 변환 : 2개의 좌표계가 서로 일정한 속도로 운동하고 있을 때, 한쪽 좌표계에서 다른 쪽 좌표계로 뉴턴의 고전역학에 따라 변환해주는 법칙이다. 이탈리아의 물리학자 갈릴레오 갈릴레이(Galileo Galilei)가 기술한 비상대론적 변환식을 의미한다.

다음과 같은 형식을 취하게 된다.

$$ds^2 = g_{11}dx_{33}^2 + g_{22}dx_2^2 + g_{33}dx_3^2 + g_{44}dx2_4 + 2g_{12}dx_1dx_2 + \text{etc}$$

여기서 x_1, x_2, x_3 및 x_4는 이제 새로운 축을 나타내는 좌표이다. 이 관계에는 변환을 정의하는 10개의 계수가 포함된다.

그러나 물론 g(중력가속도)에도 특정한 동역학적 값이 부여되는데, 갈릴레오 유형에서 축을 이동함으로써 중력장의 도입과 동일한 변화를 일으켰기 때문이다. g는 그 장(field)을 지정해야 한다. 즉, 이러한 g는 우리 경험의 표현이므로 그 값은 특정 축의 사용에 의존할 수 없으며 모든 선택에 대해 값은 동일해야 한다.

즉, 어떤 축 집합에 대해 어떤 g의 좌표 함수이든 다른 축을 선택하더라도 이 g는 여전히 새로운 좌표의 동일한 함수여야 한다.

10개의 g가 미분방정식으로 정의되므로 10개의 공변방정식을 갖게 된다. 아인슈타인은 이러한 g를 장의 일반화된 퍼텐셜로 간주할 수 있음을 보여주었다. 중력에 대한 우리 자신의 실험과 관찰은 그것에 대한 어느 정도의 지식을 전달해 주었다. 즉, 우리는 그것에 대한 값을 알고 있으며, 그것은 진실에 매우 가까워야 하므로 적어도 첫 번째 근사치라고 올바르게 부를 수 있다.

다르게 말하자면, 아인슈타인이 어떤 장에서 중력 퍼텐셜에 대한 정확한 값을 추론하는데 성공한다면, 그것은 우리가 실제 경험하는 대부분의 경우에 뉴턴의 값으로 단순화되어야 한다.

그런 다음 아인슈타인의 방법은 방금 설명한 수학적 조건을 만족시킬 함수(또는 방정식)를 조사하는 것이었다. 상자 속의 관찰자가 사용하는 축을 변형하여 상자 근처의 지구상의 관찰자가 인식하는 중력장을 방정식에 도입할 수 있다. 그러나 이것은 분명히 일반적인 중력장은 아니다. 지구 표면 위에서 이동함에 따라 장이 변하기 때문이다. 따라서 방금 지적한 것처럼 발견된 해결책은 일반적인 장에 대한 해결책이 아니며 이전보다 덜 엄격하지만 특수한 경우로 축소되는 다른 해결책을 찾아야 한다. 그는 여러 가능성 중에서 자유롭게 선택할 수 있었고, 여러 가지 이유로 가장 간단한 해결책을 선택했다.

그런 다음 그는 빛의 속도와 비교할 때 속도가 느린 제한적인 경우에 대해 자신의 공식이 뉴턴의 법칙으로 단순화되는지 시험했다. 이 조건은 뉴턴의 법칙이 적용되는 경우에서 충족되기 때문이다. 그의 공식은 이 시험을 만족시켰기 때문에 '중력의 법칙'을 발표할 수 있었으며, 이것은 뉴턴의 법칙을 포함하는 더 일반적인 법칙이었다.

평범한 학자에게는 아인슈타인이 연구 과정에서 극복한 어려움이 엄청나게 커 보일 것이다. 그가 편집자에게 했던 말, 즉 전 세계에서 단 10명만이 이 주제를 이해할 수 있다는 말은 사실일 가능성이 크다. 나는 그의 말을 믿을 준비가 되어 있으며, 확실히 그 10명 중 한 명이 아니라는 점을 덧붙이고 싶다. 그러나 그의 논문을 신중하고 진지하게 연구한 결과, 사용된 특수한 수학적 과정에 익숙해질 시간만 주어진다면 이해할 수 없는 것은 아무것도 없다고 확신한다. 아인슈타인의 논문을 더 많이 검토할수록, 문제를 바라보는 그의 천재성뿐만 아니라 그의 뛰어난 기술적 능력에 더욱 감탄하게 된다.

방금 설명한 경로를 따라 아인슈타인은 중력장에 대한 특정한 수학 법칙에 도달했는데, 이 법칙은 대부분의 경우 관찰이 가능한 뉴턴의 형태로 축소되었지만, 몇 가지 경우에는 다른 결론으로 이어졌으며, 이에 대한 지식은 주의 깊은 관찰을 통해 얻을 수 있다. 아인슈타인의 공식에서 몇 가지 추론을 언급해보자.

1. 무거운 입자를 원의 중심에 놓고 원주와 지름의 길이를 측정하면, 그 비율이 π(3.14159)가 아니라는 것을 알 수 있다. 즉, 이러한 중력장에서 공간의 기하학적 특성은 유클리드가 논의한 것과 다르다. 따라서 공간은 비유클리드적이다.

이 추론을 검증할 수 있는 방법은 없으며, 예측된 비율과 π의 차이가 너무 미세하여 그 차이를 결정하기에 충분한 정확도로 측정하기를 기대할 수 없다.

2. 태양 스펙트럼의 모든 선은 지구상의 광원에서 얻은 선을 기준으로 파장이 더 긴 쪽으로 약간 변위되어야 한다. 스펙트럼의 파란색 끝에서 예측되는 변위량은 약 100분의 1 옹스트롬 단위로, 실험적 한계 내에 있는 양이다. 안타깝게도 이 예측의 검증에 관한 한, 스펙트럼선의 변위를 유발하는 몇 가지 물리적 원인이 작용하고 있으므로 현재로서는 검증 여부에 대한 결정을 내릴 수 없다. 세인트 존과 마운트 윌슨 천문대의 다른 연구자들은 이 문제를 조사하고 있다.

3. 뉴턴의 법칙에 따르면 중심 태양 주위를 공전하는 고립된 행성은 주기적으로 동일한 타원 궤도를 그릴 것이다. 반면에 아인슈타인의 법칙에 따르면 연속적으로 통

과하는 궤도는 동일하지 않을 것이라고 예측한다. 공전할 때마다 지구는 거의 타원형에 가까운 궤도를 그리지만 타원의 주축이 궤도 평면에서 약간 회전한다.

태양계의 여러 행성에 대한 계산을 수행했을 때, 아인슈타인의 공식을 검증하는 관점에서 관심의 대상이 되는 행성은 수성뿐이라는 것이 밝혀졌다. 수성의 궤도에서 방금 설명한 것과 같은 변화가 실제로 있었으며, 이는 1세기당 574각초*에 달한다는 것은 오랫동안 알려져 왔으며 이 중 532각초의 회전은 다른 행성들의 직접적인 작용으로 인한 것이므로 1세기당 42각초의 설명할 수 없는 회전이 남았다는 것이 밝혀졌다. 아인슈타인의 공식은 43각초의 회전을 예측했는데, 이는 놀랍게도 일치하는 결과이다.

4. 아인슈타인의 공식에 따르면 태양과 같은 무거운

---

* 각초: 일반적으로 각도의 1/3600을 나타낼 때 사용하는 표준적인 단위는 '각초'이다. 1도를 60등분한 것을 1분, 1분을 다시 60등분한 것을 1초로 정의하며, 이를 '각초'라고 한다

물질 가까이를 지나가는 광선은 태양 쪽으로 현저하게 굴절되어야 한다. 이것은 운동에너지에 대한 '일반적인' 고려에서 예상할 수 있다. 일반적으로 에너지 E는 질량 E1c^2(여기서 c는 빛의 속도)와 동일한 것으로 간주된다. 따라서 광선은 중력의 영역 내에 속할 수 있으며 예상되는 굴절량은 중력에 대한 일반적인 공식으로 계산할 수 있다.

다른 관점에서, 중력장의 가속도로 떨어지는 칸막이 속의 관찰자를 다시 생각해 보자. 그에게는 발사체와 빛의 경로가 모두 직선으로 보일 것이다. 따라서 발사체의 속도가 빛의 속도와 같다면 발사체와 광선은 나란히 이동할 것이다. 칸막이 밖의 관찰자, 예를 들어 지구상의 관찰자에게는 둘 다 태양으로 인해 같은 편향이 있는 것처럼 보일 것이다. 그러나 발사체의 경로는 얼마나 구부러질까? 포물선의 모양은 어떻게 될까? 뉴턴의 법칙을 적용할 수도 있지만, 아인슈타인의 공식에 따르면 뉴턴의 법칙은 느린 속도에만 적용해야 한다.

태양 가까이를 지나가는 광선의 경우 아인슈타인의 공
식에 따르면 1.75각초의 편향이 있어야 하지만, 뉴턴의
중력법칙은 이 값의 절반을 예측했다. 지난 5월에 일어났
던 일식에서 이 문제를 조사하기 위해 다양한 천문학자들
이 신중한 계획을 세웠으며, 영국의 천문학 리더인 다이
슨(Dyson), 에딩턴(Eddington), 크로멜린(Crommelin)이 발표
한 결과는 1.9각초의 편향이 있었다는 것이었다. 물론 이
렇게 미세한 편향을 감지하는 것은 매우 어려운 일이었으
며, 원래의 관측값에 많은 보정을 적용해야 했다. 그러나
결론을 기록한 사람들의 이름은 신뢰를 불러일으키기에
충분하다. 굴절의 영향은 확실히 배제된 것으로 보인다.

따라서 아인슈타인이 도출한 공식이 다양한 방식으로
매우 훌륭하게 확인되었음을 알 수 있다. 이러한 공식과
관련하여 모든 사람의 마음속에 하나의 질문이 생겨야 한
다. 어떤 과정에서, 수학적 발전 과정의 어느 부분에서

질량이라는 개념이 드러나는가? 처음에는 방정식에 없었지만 마지막에는 등장한다. 어떻게 나타나는 것일까?

사실 그것은 단일 입자로 인한 중력장 문제의 논의에서 적분상수로 처음 나타난다. 그리고 이 상수와 질량의 동일성은 아인슈타인의 공식을 뉴턴의 법칙(그 공식의 단순한 축소 형태)과 비교할 때 증명된다. 그러나 이 질량은 우리가 무게에 대한 경험을 통해 인식하는 질량이며, 아인슈타인은 이 양이 두 개 이상의 입자 문제를 조사할 때 질량보존법칙과 운동량보존법칙을 따른다는 것을 증명했다.

따라서 아인슈타인은 중력장에 대한 연구에서 이론역학의 기초를 형성하는 물질의 잘 알려진 특성을 추론했다. 아인슈타인이 전개한 또 다른 논리적 결과는 에너지가 질량을 가진다는 것을 보여주는데, 이것은 오늘날 모든 사람에게 친숙한 개념이다.

지금까지 설명한 아인슈타인의 방법은 단순히 연속적

인 성공의 이야기일 뿐이다. 우리가 마침내 자연에 대한 연구에서 최종단계에 도달했는지, 진실에 도달했는지 묻는 것은 분명 타당하다. 아직 해결되지 않은 어려움들은 없을까? 오류의 가능성은 없을까? 물론 아인슈타인의 공식에서 비롯된 모든 예측이 검증될 때까지는 많은 말을 할 수 없다. 더 나아가 다른 논증이 같은 결론에 이를지의 여부를 확인해야 한다.

그러나 이 모든 것들을 기다리지 않고도 현재 우리 앞에는 한 가지 어려운 문제가 있다. 우리는 자연 법칙이 기준축의 형태와 독립적이라는 개념을 강하게 받아들이지만, 이것이 우리의 믿음을 정당화한다고 처음부터 확신할 수는 없다. 우리는 지구가 우주에서 이동하는 것을 인식할 수 있는 방법을 상상할 수 없지만, 자이로스코프(gyroscope)*를 통해 지구의 자전축에 대해 많은 것을 알 수 있다.

---

* 각운동량 원리를 이용한 기계. 방향의 측정 또는 유지에 사용되는 기구.

우리는 두 극의 위치를 찾을 수 있고, 푸코의 진자*나 자이로스코프를 관찰함으로써 지구에 고정된 축의 회전 각속도로 해석하는 숫자를 얻을 수 있다. 무엇을 기준으로 하는 각속도일까? 축의 기본적인 집합은 어디에 있는 것일까?

이것은 정말 어려운 문제이다. 이 문제는 여러 가지 방법으로 극복할 수 있다. 아인슈타인 자신은 공간의 경계에 엄청난 양의 물질이 존재한다고 가정하는 방법을 제시했는데, 그리 매력적인 제안은 아니다. 드시터(De Sitter)**는 우리가 시공간 좌표를 참조하는 공간의 특이한 특성을 제안했다. 그 결과는 매우 흥미롭지만, 아직 가설의 정당성에 대해서는 결론을 내릴 수 없다. 어쨌든 이렇게 제기

* 1851년 푸코는 팡테옹의 돔에서 길이 67m의 실을 내려뜨려 28kg의 추를 매달고 흔들었고, 시간이 지남에 따라 진동면이 천천히 회전했다. 일반적으로 진자에 작용하는 힘은 중력과 실의 장력뿐이므로 일정한 진동면을 유지해야 하지만(여기서 공기의 저항은 무시하도록 한다), 진자를 장시간 진동시키면 자전 방향의 반대 방향으로 돌게 된다. 이는 지면이 회전하는, 다시 말해 지구가 자전하는 것을 입증했다고 할 수 있다.
** Willem de Sitter 1872~1934): 네덜란드의 천문학자. 드시터 우주공간을 제안하여 현대우주론에 크게 기여했다.

된 어려움이 아인슈타인의 연구의 실질적인 가치를 파괴하는 것은 아니라고 말할 수 있다.

결론적으로 나는 아인슈타인이 중력에 대한 어떠한 설명도 시도하지 않았으며 중력 법칙의 추론에만 몰두했다는 사실을 강조하고 싶다. 이러한 법칙은 전자기 현상에 대한 법칙과 함께 우리의 지식을 구성한다. 우리의 감각으로 이해할 수 있는 어떤 메커니즘의 흔적도 없다. 실제로 우리가 배운 것은 그러한 메커니즘을 사용하려는 우리의 욕구가 무의미하다는 것을 깨닫는 것이다.

1919년 12월 30일, 세인트루이스, 물리학회 회장의 연설.

중력에 의한 빛의 굴절과
아인슈타인의 상대성이론*

프랭크 다이슨 경(천문학자)

이번 탐사의 목적은 태양의 중력장에 의해 광선에 변위가 발생하는지, 발생한다면 그 변위의 양이 어느 정도인지 알아내는 것이었다. 아인슈타인의 이론은 태양의 중심에서 광선까지의 거리에 반비례하여 변위가 발생하며, 태양을 스쳐 지나가는 별의 경우 1.75각초에 달할 것으로 예측했다.

1919년 일식의 조건을 연구한 결과 태양이 밝은 별들 사이에서 매우 유리한 위치에 있을 것이며, 사실상 가장 이상적인 위치에 있을 것으로 나타났다. 힝크스 씨의 도움을 받아 일식 경로 상의 여러 지점에 대한 조건을 연구한 결과, 브라질의 소브랄(Sobral)과 아프리카 서해안의 프

---

* 1919년 11월 6일, 왕립학회와 왕립천문학회 합동 일식 회의의 결과 보고서에서 발췌

린시페(Principe) 섬이 가장 유리한 관측지로 지목되었다.

그리니치 일행인 크로멜린과 데이비슨은 일식에 대비하기 위해 충분한 시간을 두고 브라질에 도착했으며, 일반적인 예비 초점 맞추기 작업으로 별자리 사진 촬영을 준비했다. 일식 당일에는 구름이 끼었다가 개었으며 관측은 거의 완벽하게 성공적으로 수행되었다.

데이비슨은 천체사진 망원경으로 필요한 별 이미지가 담긴 18장의 사진 중 15장을 확보했다. 전체 일식은 6분 동안 지속되었으며, 사진판의 평균 노출시간은 5~6초였다. 다른 렌즈를 사용한 크로멜린 박사는 8장 중 7장의 성공적인 사진을 얻었다. 실패한 사진은 구름 때문에 별자리를 담지 못했지만, 놀라운 태양 홍염*을 선명하게 보여준다.

사진판을 현상했을 때 천체사진 이미지가 초점이 맞지 않는 것으로 나타났다. 이것은 태양열이 실로스탯(coelostat)거울에 미친 영향으로 추정된다. 이미지는 흐릿

---

* 태양의 가장자리에 보이는 불꽃 모양의 가스.

했으며 일식 전후 밤에 확보했던 검사판과는 매우 달랐다. 다행히 4인치 렌즈에 공급되는 거울은 영향을 받지 않아 이 렌즈로 확보한 별 이미지는 선명했으며 밤에 촬영한 사진과 유사했다. 관측자들은 일식 당시의 고도에서 밤하늘의 동일한 영역을 촬영하기 위해 7월까지 브라질에 머물렀다.

관측자들은 귀국하자마자 그리니치에서 사진판을 측정했다. 데이비슨과 퍼너는 각 사진판을 두 번씩 측정했으며, 결과에 나타난 오류는 측정 과정이 아닌 사진판 자체에 있다고 확신했다. 그렇게 얻어낸 수치를 간략히 요약하면 다음과 같다.

천체사진 사진판은 눈금 값을 판 자체에서 결정했을 때 가장자리의 변위에 대해 0.97각초를, 검증용 사진판에서 눈금 값을 가정할 때는 1.40각초를 나타냈다. 그러나 상태가 훨씬 더 좋은 사진판은 가장자리에서의 변위에 대해 1.98각초를 나타냈는데, 아인슈타인의 예측값은 1.75

각초였다. 또한 이 사진판들의 결과는 기대할 수 있는 최선의 일치를 보여주었다.

사진판을 주의 깊게 연구한 결과, 아인슈타인의 예측을 확인했다는 데 의심의 여지가 없다고 말할 수 있다. 아인슈타인의 중력 법칙에 따라 빛이 굴절된다는 매우 확실한 결과를 얻었다.

A. S. 에딩턴(왕립 천문대)

코팅엄 씨와 나는 다른 관측자들을 마데이라에 남겨두고 4월 23일에 프린시페에 도착했다. 도착하자마자 우리는 5월 말에 맑은 하늘을 볼 가능성이 매우 적다는 것을 알게 되었다. 우기가 끝나고 3주가 지난 일식 당일 아침에 있었던 격렬한 천둥 번개조차 상황을 개선시키지는 못했다.

일식이 시작될 때 하늘은 완전히 흐렸지만, 개기일식 약 30분 전부터 구름 사이로 초승달 모양의 태양이 살짝 보이기 시작했다. 우리는 계획대로 프로그램을 진행했으며, 개기일식이 끝날 무렵에는 하늘이 더 맑았던 것 같다. 5분 동안의 개기일식 동안 찍은 16장의 사진 중 처음 10장에는 별들이 전혀 보이지 않았다. 나중에 촬영한 사진판 두 장에 각각 다섯 개의 별이 보여 결과물을 얻을 수 있었다. 출발 전 옥스포드에서 촬영한 검증용 사진판

과 비교하여 두 장의 사진판에서 얻은 가장자리의 변위값
은 1.6 ±0.3각초였다. 이 결과는 소브랄에서 얻은 수치
를 입증하는 것이었다.

　이제 결과의 의미에 대해 설명해보자. 이 값은 두 가
지 가능한 굴절값 중 더 큰 값을 가리킨다. 광선의 굴절
현상에 대한 가장 간단한 해석은 빛의 무게의 효과로 간
주하는 것이다. 우리는 광선의 경로를 따라 운동량이 전
달된다는 것을 알고 있다. 중력이 작용하면 광선의 경로
와 다른 방향으로 운동량이 발생하여 빛은 구부러지게 된
다. 절반의 효과를 얻으려면 중력이 뉴턴의 법칙을 따른
다고 가정해야 하고, 완전한 효과를 얻으려면 중력이 아
인슈타인이 제안한 새로운 법칙을 따른다고 가정해야 한
다. 이것은 뉴턴의 법칙과 제안된 새로운 법칙 사이의 가
장 중요한 검증 중의 하나이다.
　아인슈타인의 법칙은 이미 수성의 궤도를 회전시키는
섭동을 나타냈다. 이는 상대적으로 느린 속도에서 그것

을 확인시켜주었다. 속도가 빛의 속도가 되는 한계에 다다르면, 섭동은 경로의 곡률을 두 배로 늘리는 방식으로 증가하며, 이제 이것이 확인되었다.

이 효과는 아인슈타인의 이론보다는 그의 법칙을 증명하는 것으로 볼 수 있다. 태양에서 프라운호퍼 선(Fraunhofer lines)의 변위를 감지하지 못한 것은 이것에 영향을 미치지 않는다. 후자의 실패가 확인되더라도 아인슈타인의 중력 법칙에는 영향을 미치지 않지만, 그 법칙이 이르게 된 견해에는 영향을 미칠 것이다. 그것을 뒷받침하는 근본적인 아이디어는 의문시될 수 있지만, 그 법칙은 옳다.

한 가지 더 짚고 넘어가야 할 점이 있다. 그 변위가 태양 주변의 굴절 물질이 아닌 중력장에 기인한 것으로 보아야 할까? 태양으로부터 15분 거리에서 그 결과를 생성하는 데 필요한 굴절률은 대기압의 1/60~1/200의 압력에서 기체에 의해 주어진 굴절률이다. 이는 빛이 통과해야 하는 깊이를 고려할 때 너무 큰 밀도이다.

J. J. 톰슨 경(왕립학회 회장)

…… 만약 빛이 중력의 영향을 받는다는 결과만 얻었다면, 그것은 매우 중요한 결과였을 것이다. 사실 뉴턴은 그의 《광학》에서 바로 이 점을 제안했고, 그의 제안은 아마도 절반의 가치로 이어졌을 것이다. 그러나 이 결과는 고립된 것이 아니라, 물리학의 가장 근본적인 개념에 영향을 미치는 과학적 아이디어의 일부이다.…… 이것은 뉴턴 시대 이후 중력 이론과 관련하여 얻은 가장 중요한 결과이며, 그와 밀접하게 관련된 학회의 회의에서 발표되어야 하는 것이 적절하다.

아인슈타인과 뉴턴의 중력 법칙의 차이는 특별한 경우에만 나타난다. 아인슈타인 이론의 진정한 관심은 결과보다는 그 결과를 얻는 방법에 있다. 그의 이론이 옳다면 우리는 중력에 대해 완전히 새로운 관점을 갖게 된다. 아인슈타인의 추론이 타당하다는 것이 입증된다면, 이는 인류 사상 최고의 업적 중 하나의 결과일 것이다.

그의 추론은 수성의 근일점 이동과 이번 일식과 관련된 두 가지 매우 엄격한 검증을 통과했다. 이론의 약점은 그것을 표현하는 데 큰 어려움이 있다는 것이다. 불변량 이론과 미적분학에 대한 철저한 지식 없이는 아무도 새로운 중력 법칙을 이해할 수 없을 것 같다.

이 논의에서 또 한 가지 물리적으로 흥미로운 점이 있다. 빛은 거대한 물체 근처를 지나갈 때 굴절된다. 여기에는 전기장과 자기장의 변화가 수반된다. 이것은 다시 물질 외부의 전기력과 자기력의 존재를 의미하는데, 이러한 힘들은 현재 알려져 있지 않지만, 이번 탐사의 결과로부터 그 성질에 대한 어떤 아이디어를 얻을 수 있다.